B.ASHOK KUMAR

O novo 1,2,3-triazol marcado com 5-[(1H-Indol-3il)metileno]pirimidina

B.ASHOK KUMAR

O novo 1,2,3-triazol marcado com 5-[(1H-Indol-3il)metileno]pirimidina

Compostos heterocíclicos

Imprint
Any brand names and product names mentioned in this book are subject to trademark, brand or patent protection and are trademarks or registered trademarks of their respective holders. The use of brand names, product names, common names, trade names, product descriptions etc. even without a particular marking in this work is in no way to be construed to mean that such names may be regarded as unrestricted in respect of trademark and brand protection legislation and could thus be used by anyone.

Cover image: www.ingimage.com

This book is a translation from the original published under ISBN 978-620-7-46849-2.

Publisher:
Sciencia Scripts
is a trademark of
Dodo Books Indian Ocean Ltd. and OmniScriptum S.R.L publishing group

120 High Road, East Finchley, London, N2 9ED, United Kingdom
Str. Armeneasca 28/1, office 1, Chisinau MD-2012, Republic of Moldova, Europe
Printed at: see last page
ISBN: 978-620-7-74180-9

Conteúdo

O capítulo do livro O Novo 1,2,3-Triazol Marcado 5-[(1H-Indol- 3yl)methylene]pyrimidine 2,4,6(1H,3H,5H) trione. A química está relacionada com outras disciplinas e a sua investigação é também muito importante. A necessidade dos investigadores é divorciada e, portanto, uma combinação de investigação biológica e orgânica e as últimas tendências na área de investigação, incluindo a área medicinal, orgânica. A química desenvolve tópicos modernos de ramos da ciência inorgânica, física, orgânica e dos materiais, pelo que é necessário um livro de capítulos que cubra exclusivamente todos os tópicos prescritos por estas universidades tecnológicas. Este livro está organizado de modo a satisfazer as necessidades salariais de todas as universidades. O principal objetivo deste livro é permitir que o estudante desenvolva capacidades de auto-aprendizagem e de compreensão dos conceitos.

Todos os capítulos são fornecidos com figuras altamente descritivas e bem identificadas. Um simples olhar para uma figura permitirá ao estudante compreender a descrição do conceito subjacente. Foi seguida uma abordagem metodológica específica para lidar com os aspectos conceptuais e periódicos de todos os tópicos do capítulo do livro. É fornecido um número suficiente de referências para a pesquisa de informações que resolvam estes problemas do campo de investigação dos problemas típicos da vida quotidiana.

Mantendo os objectivos em mente, este livro de capítulos foi escrito numa linguagem muito simples, tanto para estudantes como para investigadores, para cada capítulo são fornecidos problemas não resolvidos e questões dos trabalhos de investigação anteriores que ajudarão os estudantes na preparação para a investigação futura.

Peço humildemente aos meus alunos e professores que enviem as suas críticas construtivas e sugestões para que eu possa incorporá-las nas próximas edições e tornar este livro livre de erros e ainda mais útil

Espero que este livro sirva o seu objetivo e crie interesse pelo assunto. Quaisquer sugestões e críticas para um maior desenvolvimento deste livro são muito bem-vindas.

Bapuram Ashok Kumar

AGRADECIMENTOS

Por muito que o meu trabalho nos Capítulos do Livro tenha sido um objetivo pessoal, a história não teria sido concluída sem os esforços e a ajuda da minha família, amigos e simpatizantes que fizeram parte integrante desta saga nos últimos quatro anos e meio. Os meus sinceros agradecimentos e o meu profundo sentido de apreço a todas as pessoas aqui mencionadas e a outras cujos nomes posso ter omitido inadvertidamente.

É com imenso prazer e orgulho que exprimo a minha gratidão e respeito pelo meu supervisor, Dr. J.V. Shanmukha Kumar, Diretor do Departamento de Química, K.L.E.F., Vaddeswaram, por me ter dado a oportunidade de trabalhar sob a sua supervisão. Estou-lhe grato por me ter esclarecido sobre as melhores técnicas para lidar com problemas sintéticos. Teria sido impossível atingir este objetivo sem o seu apoio e encorajamento constantes. Considero-me afortunado por estar associado a ele, que deu um impulso significativo à minha carreira.

Os outros gostariam de exprimir o seu profundo sentimento de gratidão e apreço aos professores, colegas e estudantes de investigação sem a sua cooperação, este livro não teria sido possível, tendo em conta todas as facilidades oferecidas pela minha faculdade. Os outros gostariam de transmitir sinceramente o seu agradecimento ao chefe do departamento, AD, JD, diretor, diretor de I&D e MD do GNITC Hyderabad.

Estamos gratos aos outros livros da área e aos recursos em linha cujas notas de aula e publicações foram muito úteis e orientaram-nos na preparação do material. O autor gostaria de agradecer a todas as pessoas que contribuíram, direta e indiretamente, para que este livro chegasse à sua forma final. O autor gostaria de agradecer a todos os membros da sua família pelo seu apoio e cooperação durante a realização desta tarefa.

Por último, mas não menos importante, os autores gostariam de agradecer à equipa editorial da teenage learning pelos seus inestimáveis contributos e sugestões construtivas, que ajudaram a melhorar o texto. Finalmente, acima de tudo, estou grato a Deus, o Todo-Poderoso, misericordioso e apaixonado, por me ter concedido as bênçãos, a oportunidade e a capacidade de prosseguir com êxito.

Bapuram Ashok Kumar

Métodos gerais de síntese de 1,2,3-triazóis e isoxazóis e sua importância biológica

1.1.Breve introdução aos compostos heterocíclicos

Atualmente, tem sido dada grande atenção ao desenvolvimento de novas estratégias eficientes para a síntese de heterociclos simples e fundidos contendo azoto. Devido à sua origem natural em muitos tecidos animais e vegetais e à sua presença em muitas biomoléculas com actividades antibióticas, antitumorais, anti-inflamatórias, antimaláricas, antimicrobianas, anti-HIV, antibacterianas, antidepressivas, antifúngicas, herbicidas, antivirais, antidiabéticas e fungicidas, a maioria destes heterociclos tem aplicações notáveis em corantes, agentes de brilho, sensores fluorescentes, plásticos, armazenamento de informação, reagentes analíticos e química de polímeros. Além disso, podem ser utilizados como fios moleculares, semicondutores orgânicos e semicondutores, díodos emissores de luz (OLED), células fotovoltaicas, sistemas de captação de luz, interruptores quimicamente controláveis, suportes de dados ópticos e compostos cristalinos líquidos. Notavelmente, os heterociclos são muito importantes na síntese química, devido ao seu papel adaptável que inclui catalisadores orgânicos, intermediários sintéticos em auxiliares quirais, grupos protectores e ligandos metálicos em catalisadores assimétricos.

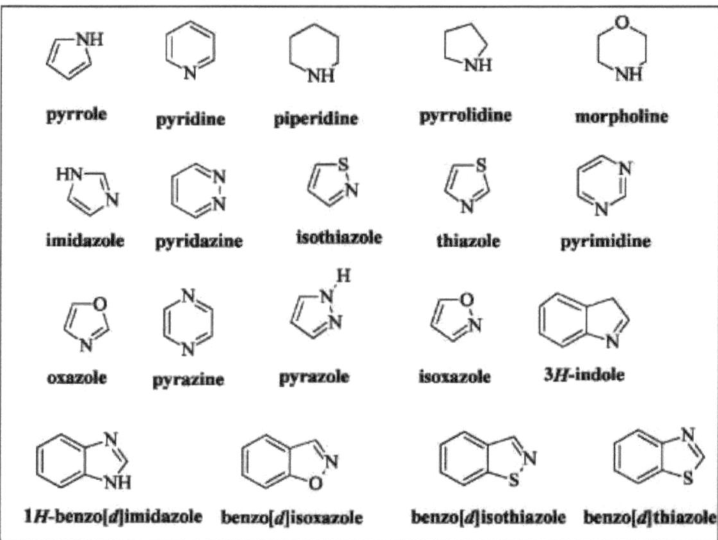

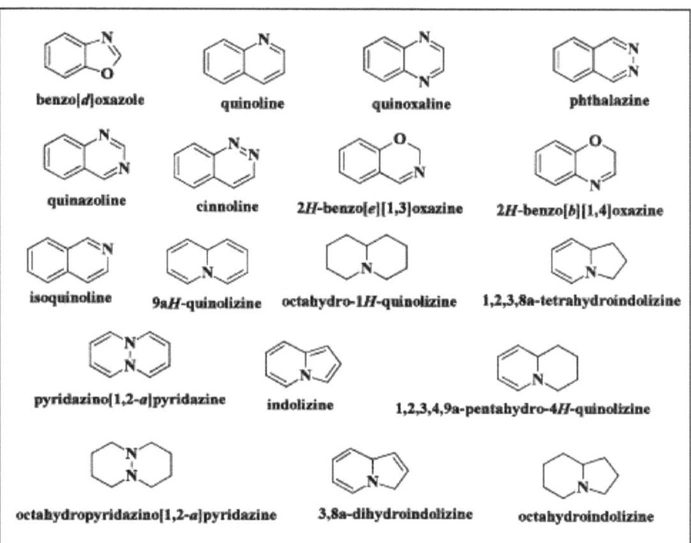

Fig.1.1. Exemplos representativos de heterociclos simples e fundidos à base de azoto.

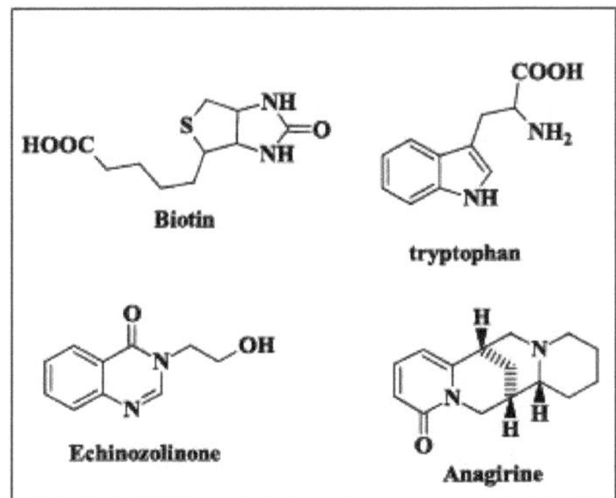

Fig. 1.2.Exemplos representativos de heterociclos azotados simples e fundidos de ocorrência natural.

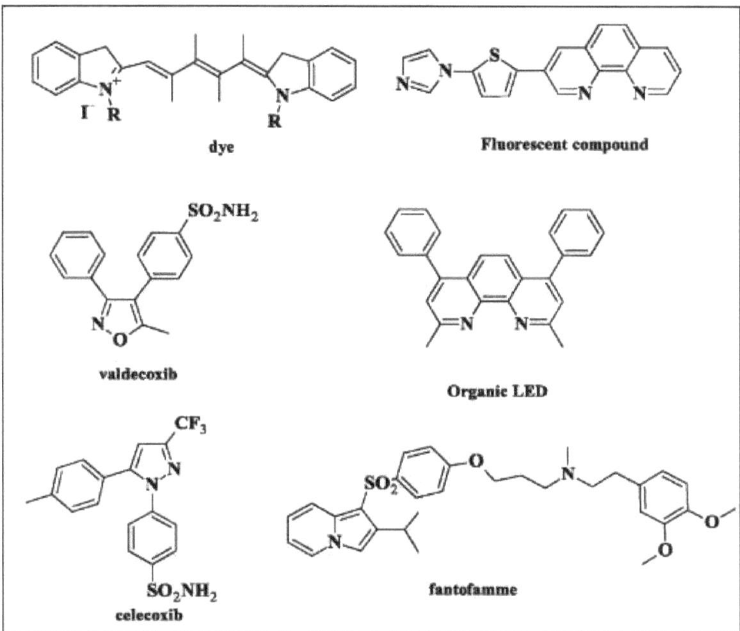

Fig. 1. 3. Exemplos representativos de heterociclos simples e fundidos à base de azoto sintético relevantes para os produtos farmacêuticos, polímeros, corantes e materiais orgânicos

Em referência aos conceitos envolvidos nas Figs. **1.1-1.3**, ou seja, o papel essencial e aguçado dos heterociclos em várias aplicações e na continuação do meu trabalho de investigação,

Neste caso, seleccionei a literatura sobre derivados de 1,2,3-triazol e isoxazol.

1.2. Pesquisa bibliográfica sobre os 1,2,3-triazóis

O 1,2,3-triazol é um importante heterociclo de cinco membros que possui três nitrogénios na posição 1,2,3. Este pode estar presente em três classes, como 1,4- 1,2,3-triazóis dissubstituídos (**a**), 1,5-disubstituídos 1,2,3-triazóis (**b**) e 1,4,5- 1,2,3-triazóis trissubstituídos (**c**) (**Fig. 1.4**). Os azóis e os compostos com eles relacionados foram amplamente encontrados em fontes naturais e existem muitos candidatos a fármacos disponíveis que contêm um arcabouço de azóis na sua estrutura molecular. O anel 1,2,3-triazol é estável contra a hidrólise ácida e básica e contra condições redox. Do mesmo modo, o 1,2,3-triazol é um anel planar de cinco membros com um momento de dipolo de 5 D, que é razoavelmente superior ao das amidas com momentos de dipolo de 3,7 - 4,0 D. Assim, participam ativamente na formação de ligações de hidrogénio, bem como nas interacções dipolo-dipolo [1-2]. Além

Além disso, a porção é relativamente inerte à degradação térmica e química. Verificou-se que os 1,2,3-triazóis não substituídos nunca foram referidos na literatura como instáveis, mesmo sob aquecimento intenso.

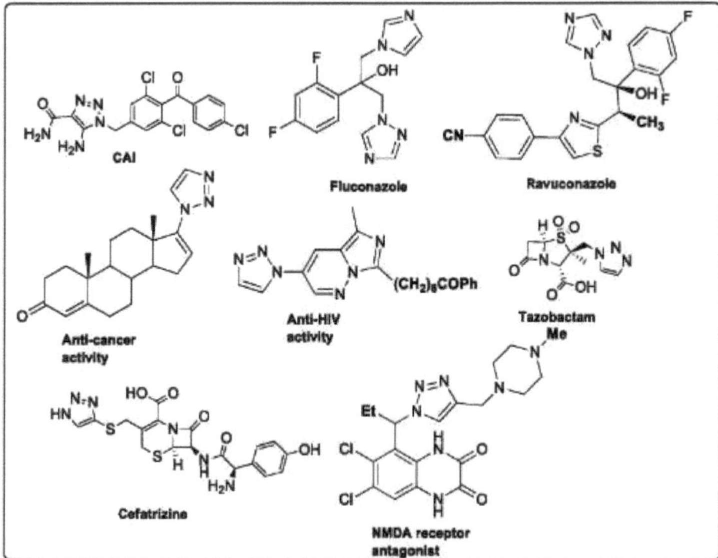

Fig. 1.4. Diferentes tipos de 1,2,3-triazóis

O 1,2,3-triazol pode formar várias interacções não covalentes, incluindo ligações de hidrogénio, atracções dipolo-dipolo, interacções hidrofóbicas e forças de VanderWaals em relação a muitos alvos proteicos em sistemas biológicos. Por conseguinte, os análogos baseados no 1,2,3-triazol apresentam aplicações significativas em química medicinal, como actividades antivirais, anticancerígenas, antibacterianas, antituberculosas, antifúngicas e antimaláricas [3-5]. Notavelmente, o farmacóforo do 1,2,3-triazol já estava disponível numa infinidade de fármacos comercialmente disponíveis e também em fármacos bioactivos derivatives (Fig. 1.5).

Fig. 1.5: 1,2,3-triazol contendo medicamentos ou compostos biologicamente activos disponíveis no mercado

1.2.1. Literatura selecionada sobre os métodos de 1,2,3-triazóis

> **Química de cliques - a cicloadição azida-alquina catalisada por cobre**

A estratégia mais significativa para sintetizar 1,4-dissubstituídos 1,2,3-triazóis é a cicloadição azida-alquino catalisada por Cu(I) [6-10]. Neste processo, a azida reage com o alquino terminal através de uma cicloadição [3+2], com a ajuda de um catalisador Cu(I).

[th]Inicialmente, este método foi estabelecido no início do século XX, mas o seu potencial só foi revelado por Huisgen *et.al,* [11-12]. Em relação à cicloadição 1,3-dipolar não catalisada [13], a cicloadição 1,3-dipolar promovida pelo cobre proporciona uma maior aceleração da taxa e direcciona

a formação do 1,4-regioisómero regiosselectivo. De forma notável, os produtos puros podem ser formados sem utilizar a técnica de cromatografia em coluna (**Esquema 1.1**).

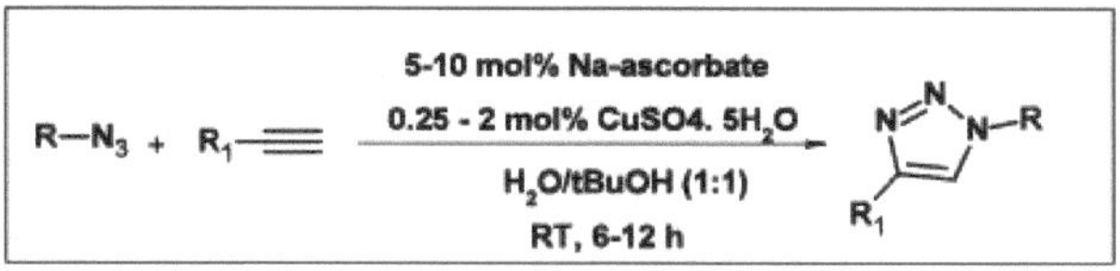

Esquema 1.1

> **Estratégias sintéticas organo-catalisadas de ciclização para obtenção de '1,2,3-triazóis'**

Zhang *et.al,* [14] relataram a "síntese one-pot de 1,4-dissubstituídos 1,2,3-triazóis" mediada por I2 usando metil-cetonas, N-Tosil-hidrazinas e Aminas como materiais de partida (**Esquema 1.2**).

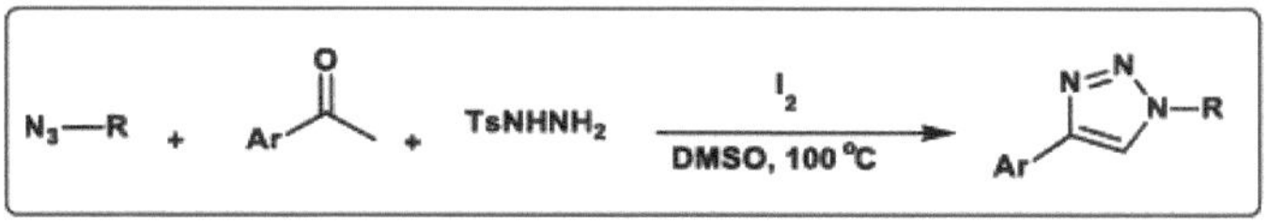

Esquema 1.2

Wang *et.al,* descreveram uma reação de cicloadição [3+2] catalisada por organo de azida-enamida para obter "1,4,5-Trisubstituídos-1,2,3-triazóis regiosselectivos" (**Esquema 1.3**) [15].

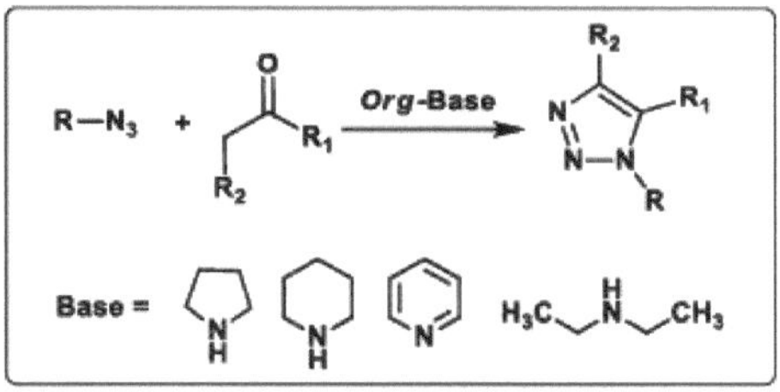

Scheme 1.3

Ramachary *et.al,* [16] relataram a reação de cicloadição [3+2] catalisada por DBU de azida com vários aldeídos para sintetizar 1,4-dissubtituídos 1,2,3-triazóis regiosselectivos (**Esquema 1.4**).

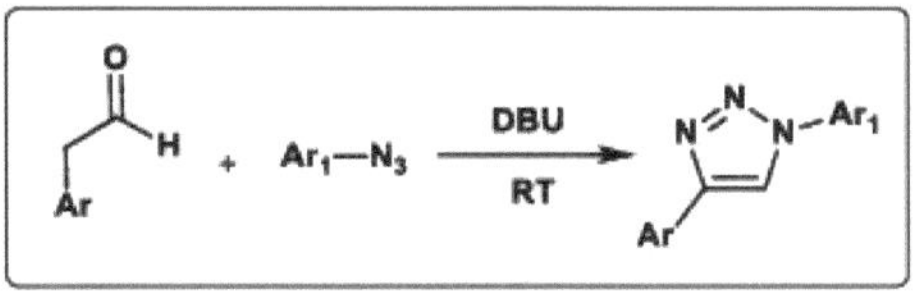

Scheme 1.4

Esquema 1.4

Mais tarde, *et.al,* [17] relataram a reação de cicloadição [3+2] catalisada por DBU da azida com várias cetonas para sintetizar 1,2,3-triazóis totalmente substituídos (**Esquema 1.5**).

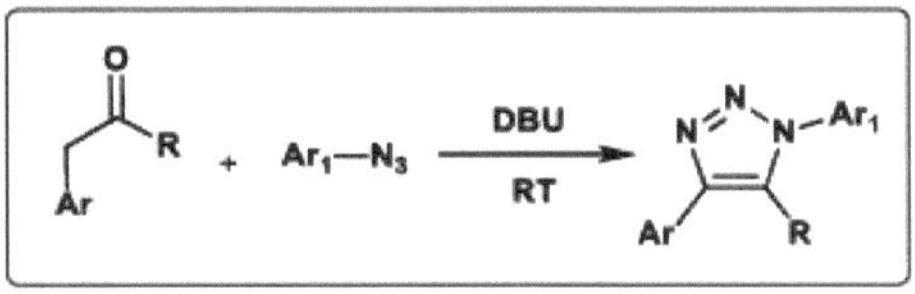

Scheme 1.5

> **Literatura para 1,4,5-trisubstituídos 1,2,3-triazóis catalisados por Cu/ Pd**

Ackermannand *et.al,* [18] desenvolveram uma arilação direta promovida por Pd de 1,2,3- triazóis com cloretos de arilo para obter 1,4-triazóis 1,2,3-dissubstituídos (**Esquema**

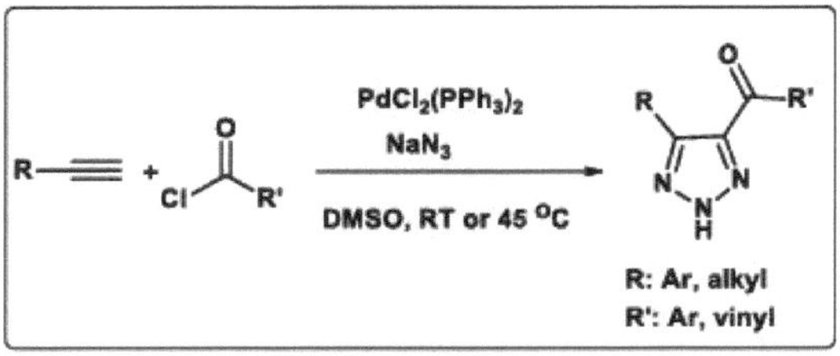

Esquema 1.6

> **Ciclização catalisada por paládio para obtenção de 1,2,3-triazol**

Wang *et.al,* [19] relataram um acoplamento Sonogashira sequencial mediado por paládio e ultra-sons e a cicloadição de vários cloretos de ácido, alcinos terminais e "azida de sódio para obter 4,5-dissubstituídos- 1,2,3-(NH)-triazóis" (**Esquema 1.7**).

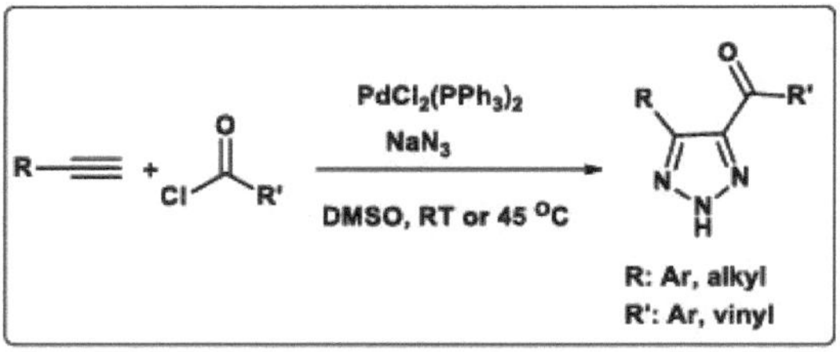

Scheme 1.7

Uma "síntese de *1H-1*,2,3-triazóis" promovida por paládio a partir de halogenetos de vinilo e azida de sódio foi estabelecida por Barluenga e colaboradores (**Esquema 1.8**) [20].

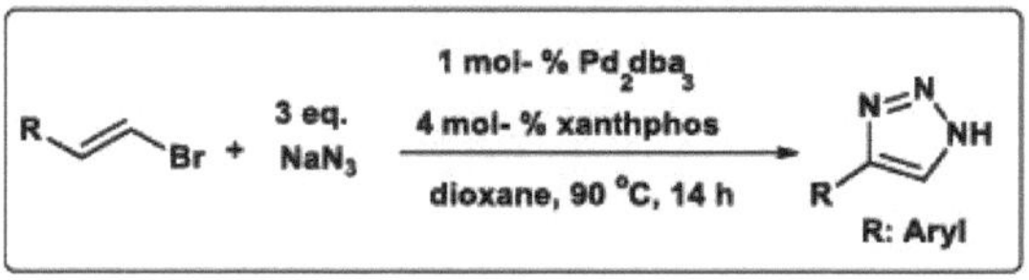

Scheme 1.8

Esquema 1.8

1.2.2. Literatura selecionada sobre as aplicações biológicas dos 1,2,3-triazóis

Os novos triazóis mono e bis-1,4-dissubstituídos 1,2,3 triazóis à base de ácido indol-2-carboxílico foram examinados quanto à sua atividade anticancerígena in vitro e in vivo, tendo sido efectuados estudos antibacterianos e de clivagem do ADN por Narasimha *et al.* [21]. Nestes compostos, 1, 2, 3 e 4 mostraram uma potencial atividade anticancerígena contra "MCF-7, HeLa e HEK293" quando comparados com a cisplatina. Os resultados da atividade antibacteriana mostraram que os compostos 1 e 2 inibiram de forma excelente E.coli e Bacillus subtilis e que o composto de estreptomicina, um fármaco padrão, foi utilizado e comparado. Os compostos 3 e 4 clivaram parcialmente o ADN a uma concentração de 100 pigmL^{-1} .

Mahdavi M *et.al*, [22] sintetizaram alguns novos híbridos de 1,2,3-triazol-benzimidazol e analisaram a sua atividade inibidora da tirosinase de cogumelos. Os resultados revelaram que os compostos "2-(4-{[1-(3,4-diclorobenzil)-1 *H-1,2,3*-triazol-4- yl]metoxi}fenil)-1 *H-benzo[d* imidazol" (5) e "2-(4-{[1-(4-bromobenzil)-1 *H-* 1,2,3- triazol-4-il]metoxi}fenil)-1 *H-benzo[d]* imidazol" (6) mostraram-se eficazes na inibição da tirosinase dos cogumelos, com valores de IC50 de 9.42 e 10,34 µM, respetivamente, e verificou-se notavelmente que estas análises são comparáveis ao medicamento padrão (ácido kójico, IC50 = 9,28 p,M).

E. Ramya Charitha *et.al*, [23] relataram uma cicloadição 1,3- dipolar em tandem catalisada por Cu(I) e uma arilação catalisada por Cu do 1,2,3-triazol resultante utilizando [Emim]BF4 em condições de micro-ondas. Todos estes derivados sintetizados foram ainda testados quanto à sua potência de inibição antibacteriana contra estirpes gram +ve e gram -ve. Entre todos, o composto 7 demonstrou uma atividade de inibição notável que contém o valor MIC 3,12 pg/mL contra *B. subtilis* e *S. epidermidis*, que foi estabelecido como sendo duas vezes superior à ciprofloxacina (6,25 pg/mL), bem como apresentou uma atividade equipotente com o controlo positivo contra *S. aureus* que contém o valor MIC 6,25 pg/mL. Além disso, os conjugados da série, *como os compostos* 8 e 9 contra *S. aureus* e 10 contra *E. coli,* também apresentaram resultados promissores, possuindo valores de CIM de 6,25 pg/mL, que foram equivalentes aos da ciprofloxacina. Finalmente, os resultados dos perfis antibiofilme para todos estes compostos revelaram que os derivados 9 e 7 não só eram agentes antibacterianos potentes como também actuavam como inibidores eficazes do crescimento do biofilme de *B. subtilis* e *S. aureus*.

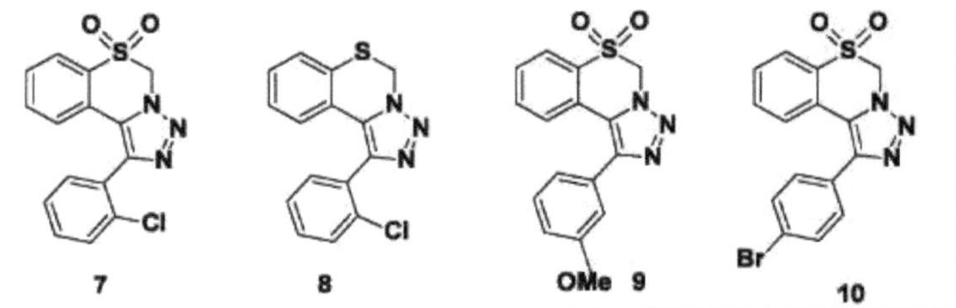

Prasanna S. G. *et.al*, [24] relataram uma química de clique de um pote para obter híbridos de N-({1-[(1H-benzo[d]imidazol-2-yl)methyl]-1H-1,2,3-triazol-4-yl}methyl)anilina. Todos estes híbridos foram ainda analisados quanto à citotoxicidade in vitro com a ajuda do programa de rastreio de linhas celulares tumorais humanas NCI (National Cancer Institute)-60. Entre todos, o composto N-({1-[(1H-benzo[d]imidazol-2-yl)methyl]-1H-1,2,3-triazol-4- yl}methyl)-4-chloroaniline (11) mostrou 40% de inibição do crescimento na linha celular de cancro renal (UO-31) *a* 10pM de concentração.

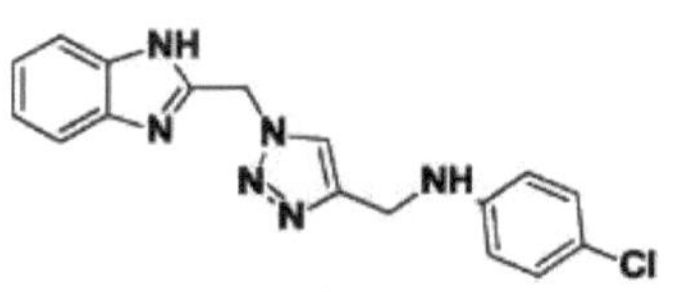

N. Vasudeva Reddy *et.al*, [25] explicaram uma "síntese de um pote catalisada por Cu de alguns novos híbridos fundidos de benzotiazino[1,2,3]triazolo[4,5-c] quinolinona" usando 1-iodoalcinos e diferentes azidas de arilo através da *formação in situ de* intermediário 5-iodotriazol em [BMIM]PF6 sob irradiação de micro-ondas. A atividade anticancerígena de todos estes compostos sintetizados contra MCF-7, HeLa, A-549 e IMR-32 revelou que os dois compostos **12** e **13** apresentavam uma atividade anticancerígena promissora contra MCF-7 e A-549.

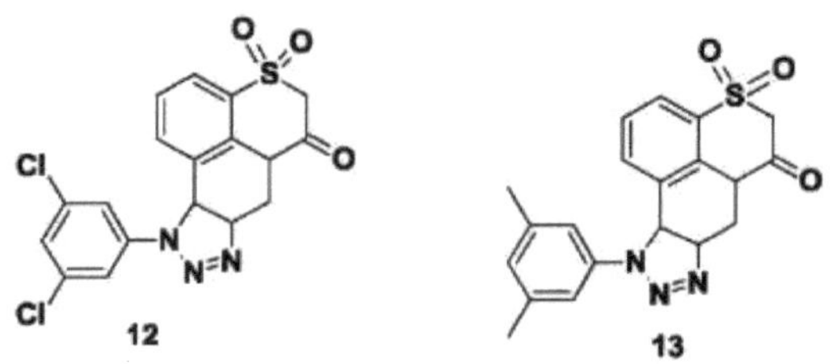

Figueiro *et.al*, [26] descreveram a síntese de híbridos de 1,2,3-triazol-mercaptobenzimidazol e investigaram a sua atividade de avaliação molecular contra a linha celular de glioma C6. Entre todos os derivados seleccionados, os compostos 2-(4- {[(1H-benzo[d]imidazol-2-yl)thio]methyl}-1H-1,2,3-triazol-1-il)-1-[4-(4- clorobenzil)piperazin-1-il]etanona (**13**) e 2-(4-{[(1H-benzo[d]imidazol-2-il)tio]metil}-1H-1,2,3-triazol-1-il)-1-(4-clorofenil) etanona (**14**) revelaram a atividade mais promissora.

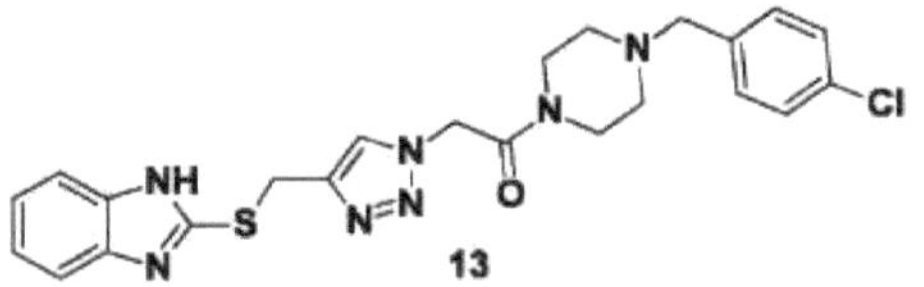

Ranjith kumar T *et.al*, [27] apresentou a síntese de alguns novos (isopropilideno) uridina-[1,2,3] triazóis através da cicloadição azida-alquina catalisada por cu usando N-propargil 20,30-O-(isopropilideno) uridina e diferentes azidas de arilo como materiais de partida. Posteriormente, todos os derivados sintetizados foram analisados quanto às suas actividades anticancerígenas e antibacterianas in vitro. De acordo com a análise dos resultados, os compostos **15** e **16** mostraram uma boa atividade contra MCF-7 e o composto **17** mostrou uma boa atividade contra HeLa quando correlacionado com a Cisplatina. Além disso, os resultados da atividade antibacteriana revelaram que os derivados **18** e **17 apresentaram** uma excelente atividade contra os compostos Escherichia coli e Bacillus subtilis. Além disso, o **15** contra Proteus vulgaris, o **19** contra Staphylococcus aureus e o **20** contra B. subtilis e S. aureus mostraram uma atividade equipotente em comparação com a Estreptomicina.

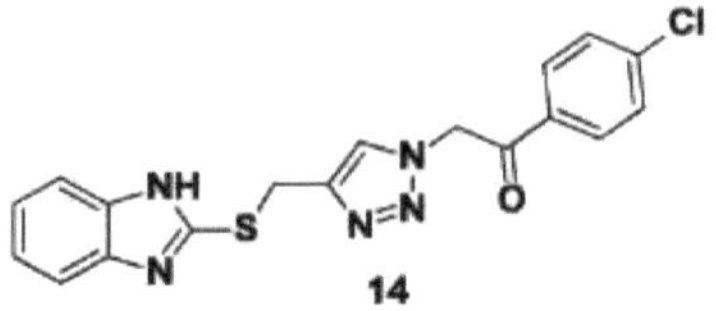

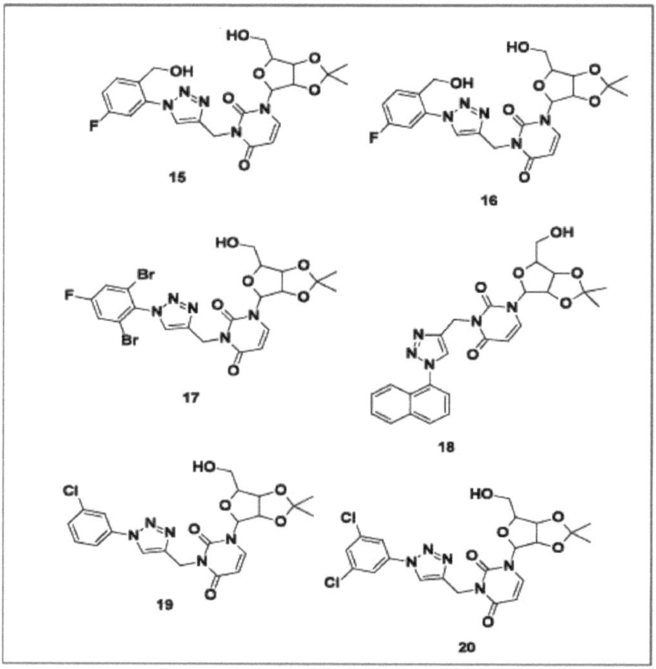

Bennet *et.al*, [28] explicaram que a molécula tazobactam (**21**) é o melhor exemplo de um derivado de 1,2,3-triazol que actua como inibidor da P-lactamase e que já é comercializado em combinação com o antibiótico de largo espetro piperacilina.

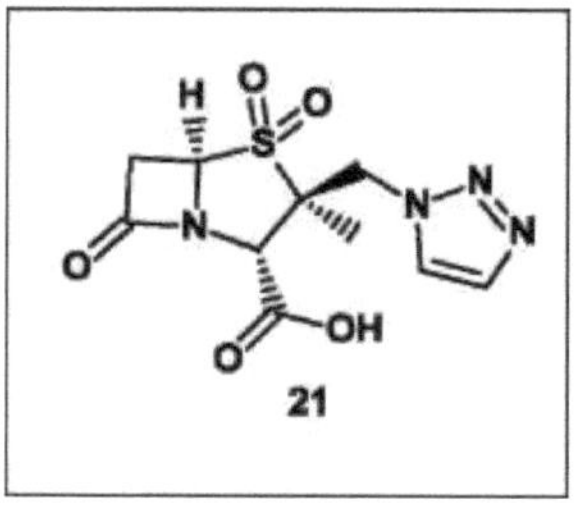

S. Narasimha *et.al*, [29] apresentaram a síntese e as actividades biológicas de alguns novos 4-[3-fluoro-4-(morfolin-4-il)]fenil-1H-1,2,3-triazóis como moléculas antibacterianas e anticancerígenas através da 4-(4-azido-2-fluorofenil)morfolina (gerada *in situs*) utilizando 3-fluoro-4-morfolinoanilina, alquino e triflyl azida como materiais de partida. Mais tarde, todos estes compostos foram analisados quanto à sua atividade antibacteriana contra três estirpes bacterianas G+ e foi avaliada a atividade anticancerígena contra MCF-7 e HeLa. Entre todos, os compostos **22**, **23** e **24** apresentaram uma atividade antibacteriana significativa em relação a todas as estirpes bacterianas gram-positivas. Além disso, os compostos **25**, **26** e **27 revelaram** uma atividade citotóxica potente contra duas linhas de células cancerígenas que contêm valores IC50 mais próximos da doxorrubicina.

14

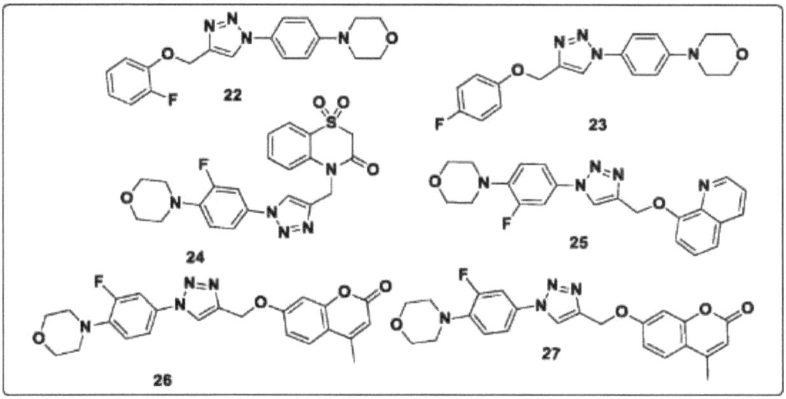

Kohn e Liotta [30] relataram a síntese da 5-amino-1-[3,5-dicloro-4-(4- clorobenzoil)benzil]-1H-1,2,3-triazole-4-carboxamida (**28**) como um potente agente anticancerígeno, estando atualmente em ensaios clínicos (fase I) para doentes com cancro refratário.

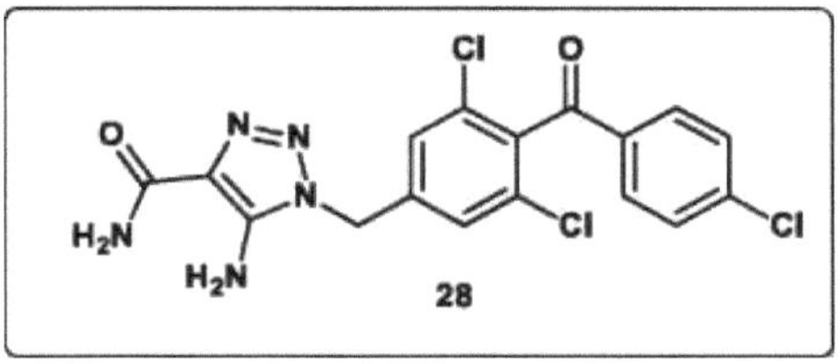

Amar D *et.al,* [31] descreveram a síntese de alguns novos compostos híbridos triazol-benzimidazol-calcona através da cicloadição azido-alquina [3+2] catalisada por cobre. Todos estes compostos foram novamente testados quanto à eficácia antiproliferativa contra algumas linhas celulares de cancro da mama e da próstata. De entre todos, o composto (E)-1-{1-[(1-benzil-1H-1,2,3-triazol-4-il)metil]-1H-benzo[d]imidazol- 2-il}-3-(2-clorofenil)prop-2-en-1-ona (**29**) revelou a atividade mais potente contra as linhas celulares T47-D (6,23 ЦM), MDA-MB-231(5,89 ЦM) e cancro da próstata-PC3 (10,7 ЦM).

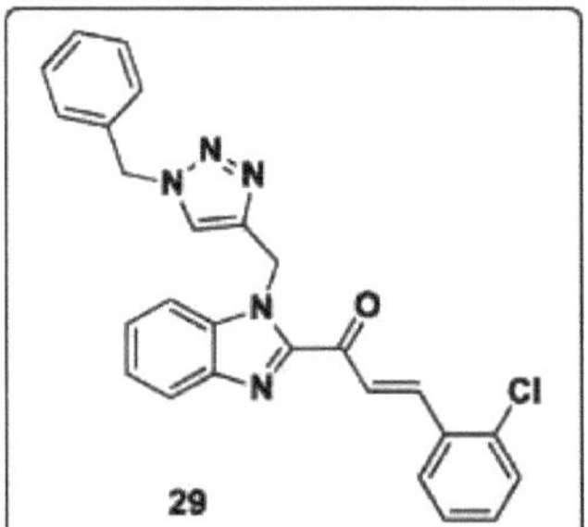

A preparação e a atividade biológica de algumas novas 1,2,3-triazole-2H- benzo[b][1,4] oxazin-3(4H)-ones em relação às linhas celulares MCF-7 e HeLa foram analisadas por N. Vasudeva Reddy *et.al,* [32]. Entre todos, os compostos **30** e **31** apresentaram uma melhor atividade citotóxica contra duas linhas de células cancerosas com valores IC50 mais próximos da cisplatina. Além disso, as moléculas mais activas **30** e **31** foram estudadas quanto à sua atividade anticancerígena in vivo contra ratinhos portadores de carcinoma de ascite de Ehrlich e, de acordo com os resultados, o composto 5c apresenta atividade citotóxica quando comparado com a cisplatina.

Harrison *et.al,* [33] descreveram o "cloridrato de 5-[({(2R,3S)-2-[(S)-2-(3,5-bis(trifluorometil)fenil]propil}-3-(4-fluorofenil) morfolino)metil]-N,N- dimetil-1H-1,2,3-triazol-4-amina" (32) como um antagonista altamente potente do recetor humano de neuroquinina-1 (h-NK1). Este composto tinha uma longa duração de ação central que seria adequada tanto para administração clínica oral como intravenosa.

N. Vasudeva Reddy *et.al,* [34] explicaram a síntese e a combinação de benzoxazino[1,2,3]triazolil[4,5-c] quinolinonas em derivados de uma só vez, através da reação entre 5-iodo-4-(prop-2-yn-1-yl)-2H-benzo[b][1,4]oxazin- 3(4H)-ona e várias azidas de arilo promovidas pelo sistema catalítico Cu/Pd. Todos os compostos sintetizados foram estudados quanto à sua citotoxicidade contra as linhas celulares de cancro CF-7, A-549 e HeLa e verificou-se que o composto 33 apresentou uma atividade óptima contra MCF-7 e A-549, com resultados IC50 de 11,18 e 17,81 pM, em comparação com a cisplatina.

Ctor *et.al,* [35] descreveram a atividade antibacteriana da Cefatrizina (**34**) (SK&F 60771), que é um novo antibiótico acefalosporina de consumo oral. Verificou-se que a introdução da porção 1,2,3-triazol no núcleo da cefalosporina aumentou a disponibilidade oral.

Rajitha Bollu *et.al*, [36] prepararam alguns novos híbridos de 1,2,3-triazol-1,4-benzoxazina utilizando a abordagem de química de clique e investigaram a sua atividade antiproliferativa contra HeLa, MIAPACA, MDA-MB-231 e IMR32. Entre todos, os compostos **35** e **36** apresentaram atividade antiproliferativa promissora com valores de GI50 na faixa de 1,2 a 2,5 **p, M e** 0,1 a 1,1 **p, M,** respetivamente, contra HeLa, MDA-MB-231, MIAPACA e IMR32, enquanto o composto **37 apresentou** atividade significativa contra MDA-MB-231 e IMR32 com escala GI50 na faixa de 1,1 e 1,4 μM.

Ahmed Kamal *et.al*, [40] prepararam uma nova categoria de híbridos de pirrolobenzodiazepinas com 1,2,3-triazol e outros fios através de uma química de clique catalisada por cobre como abordagem chave. Among all, the compound 1-({[(2S,11aS)-2-[4,5-bis(methoxycarbonyl)- 1H-1,2,3-triazol-1-yl]-7-methoxy-5-oxo-2,3,5,11a-tetrahydro-1H- benzo[e]pyrrolo[1,2-a][1,4]diazepin-8-yl]oxy}methyl)-1H-1,2,3-triazole-4,5- dicarboxilato (**38**) demonstrou um amplo espetro de atividade contra as linhas celulares de cancro verificadas e exibiu uma afinidade significativa de ligação ao ADN.

1.3. Pesquisa bibliográfica sobre derivados de isoxazol

Os isoxazóis são uma das séries significativas de compostos heterocíclicos de cinco membros, em que dois átomos de carbono são substituídos por um átomo de azoto e um átomo de oxigénio. Uma grande quantidade de derivados à base de isoxazol já estava acessível e presente nos produtos úteis da nossa vida quotidiana. Além disso, vários medicamentos que salvam vidas e produtos naturais biologicamente activos são constituídos por uma porção do anel de isoxazóis como espinha dorsal chave e primária. Por exemplo, a risporidona (antipsicótico), a leflunomida (imunodepressor), o ácido ibónico (neurotoxina), o muscimol (antagonista do GABA), o parecoxib (inibidor da COX-2) e a

17

oxacilina (antibacteriana), etc., (**Fig. 1.6**) têm o isoxazol como farmacóforo de base. De forma notável, a atividade farmacológica de todos estes derivados pode dever-se à presença de átomos de N e O nas posições 1 e 2, o que, consequentemente, aconselha relações capazes de ligação H dador/acetor em relação a uma série de enzimas. Além disso, os isoxazóis podem ser utilizados como precursores sintéticos de várias pequenas moléculas úteis, produtos naturais e líquidos crystal compounds [38].

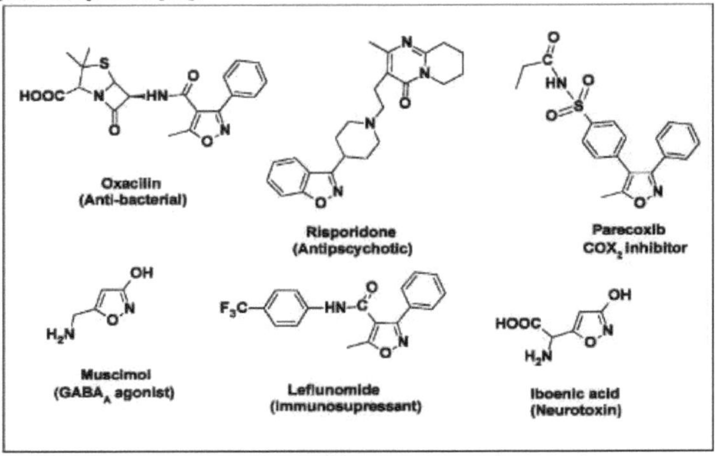

Fig.1.6. Few commercially drugs containing isoxazole ring

1.3.1. Metodologias anteriores seleccionadas para a síntese de isoxazóis substituídos

> Reação entre 1,3-dicetonas e hidroxilaminas

Os derivados de isoxazol podem ser simples e facilmente preparados a partir da reação de 1.3- diketona e derivados de hidroxilamina (**Esquema 1.9**) [39].

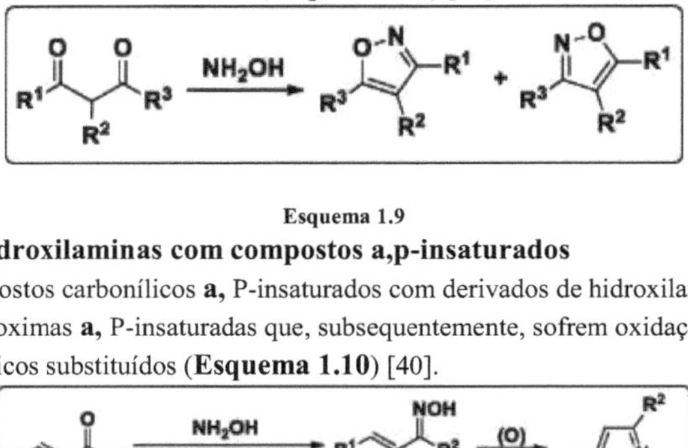

Esquema 1.9

> Reação de hidroxilaminas com compostos a,p-insaturados

A reação de compostos carbonílicos **a,** P-insaturados com derivados de hidroxilamina produz *in situ* as correspondentes oximas **a,** P-insaturadas que, subsequentemente, sofrem oxidação para obter os compostos isoxazólicos substituídos (**Esquema 1.10**) [40].

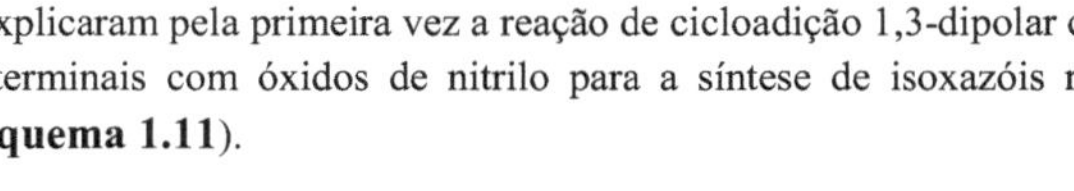

Esquema 1.10

> Cicloadição 1,3-dipolar de óxidos de nitrilo com alcinos

Fokin *et.al,* [41] explicaram pela primeira vez a reação de cicloadição 1,3-dipolar catalisada por Cu(I) de vários alcinos terminais com óxidos de nitrilo para a síntese de isoxazóis regiosseletivos 3,5-dissubstituídos (**Esquema 1.11**).

18

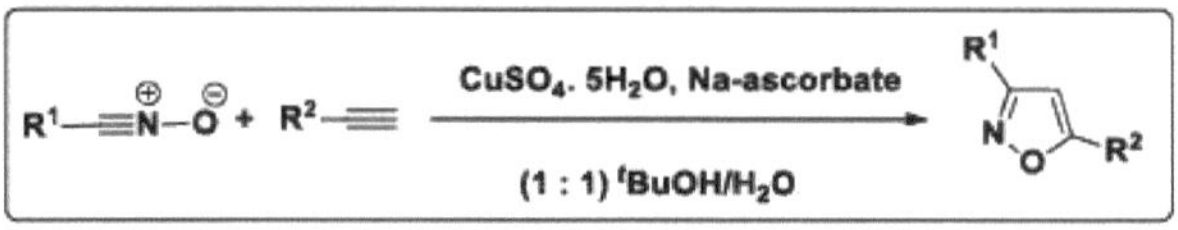

Scheme 1.11

Esquema 1.11

Vadde Ravinder *et.al,* descreveram as reacções de cicloadição 1,3-dipolar de óxidos de nitrilo com alcinos terminais para obter isoxazóis 3,5-dissubstituídos regiosselectivos que são catalisados por organo-NHC (**Esquema 1.12**) [42].

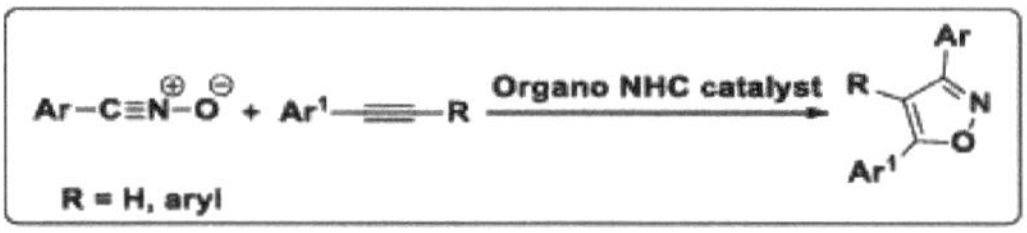

Scheme 1.12

> **Outros métodos**

Miyata *et.al,* explicaram a ciclização intramolecular catalisada pela prata de vários éteres de oxima de alquinilo para sintetizar isoxazóis 3,5-dissubstituídos (**Esquema 1.13**)
[43].

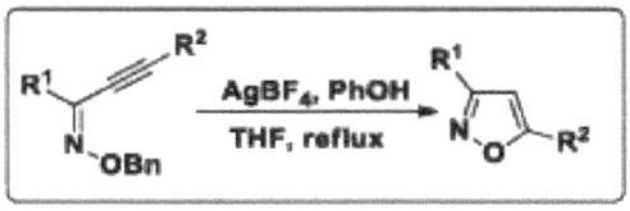

Scheme 1.13

Esquema 1.13

Atsunori *et.al,* [44] explicaram a síntese regiosseletiva one-pot de isoxazóis 3,5- dissubstituídos através da reação de quatro componentes catalisada por PdCl2(PPh3)2 de alcinos terminais, monóxido de carbono de iodeto de arila, carbono em condições suaves (**Esquema 1.14**).

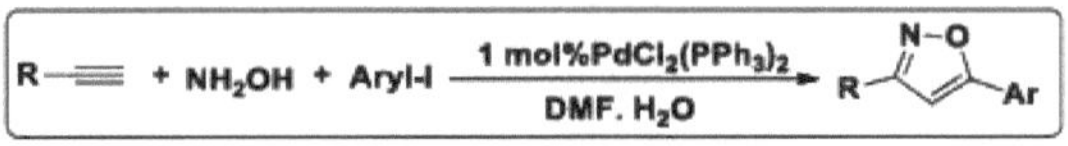

Scheme 1.14

Esquema 1.14

1.3.2. Pesquisa bibliográfica selecionada sobre a importância biológica dos derivados de isoxazol

T. Liljefors T *et.al,* [45] concebeu e preparou alguns novos 4-aril- 5-(piperidin-4-il)isoxazol-3-óis e analisou a sua atividade antagonista GABAA. De todos os compostos preparados, os compostos **39- 41 mostraram** maior potência.

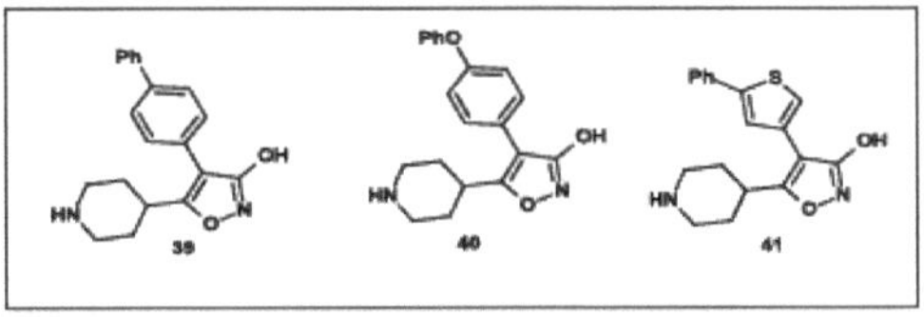

M. Kocieba *et.al,* [46] explicaram a síntese de várias novas moléculas de isoxazol-triazipina como agentes imunossupressores *in vivo* contra as respostas imunitárias humeral e celular. O composto **42** apresentou os resultados mais potentes.

M. Dixit *et.al*, [47] explicaram a síntese combinatória de alguns novos derivados de isoxazol e examinaram a sua atividade antitrombina in vivo. De todos os derivados sintetizados, o composto **43** contendo o grupo 2-clorofenil mostrou uma atividade antitrombina comparável com o controlo positivo.

N. D. Alessandro *et.al*, [48] sintetizaram várias isoxazole-curcuminas e depois investigaram a atividade anticancerígena em relação à linha celular MCF-7, bem como a variação da multirresistência em MCF-7R. O composto **44**, na sua concentração micromolar, apresentou a atividade mais promissora em relação a MCF-7 e MCF-7R com IC50 13,1 ± 1,6 e valor IC50 12,0 ± 2,0, respetivamente.

A.D. Westwell *et.al*, [49] relataram a síntese de alguns novos derivados de 5-(1H-indol-5-il)-3-fenilisoxazol e verificaram a atividade antitumoral in vitro contra duas linhas celulares como Colo320 e Calu-3. De todas as moléculas, os compostos **45-46** que contêm substituintes metoxi mostraram uma atividade promissora com valores IC50 de 22,5 a 13,3 para a linha celular de cancro do pulmão e de 13,5 a 9,0 para as linhas celulares de cancro do cólon, respetivamente.

J.M. Gillardins *et.al*, [50] relataram a síntese de alguns novos híbridos isoxazol-amida como agentes anticonvulsivos. Entre todos, os compostos **47-48 revelaram** uma atividade promissora.

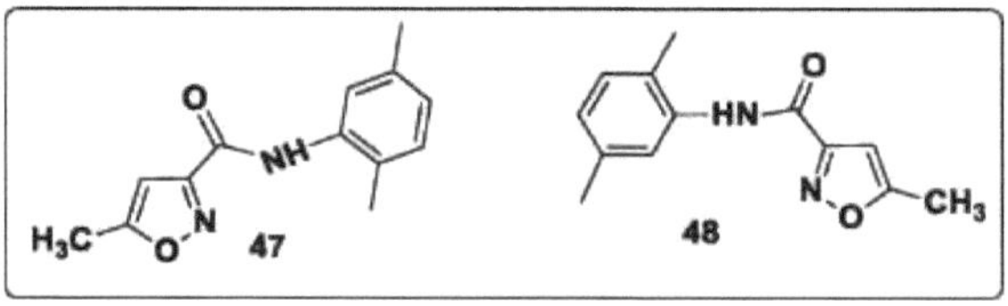

H. D. Kendall *et.al,* [51] sintetizaram alguns novos derivados de isoxazol multi-substituídos e a atividade helmíntica foi investigada contra o verme redondo do rato, bem como contra o Nlppostrongjlus Erazikensis. Entre todos, os isoxazóis (**Fig. 1.7**) mostraram uma atividade anti-helmíntica promissora.

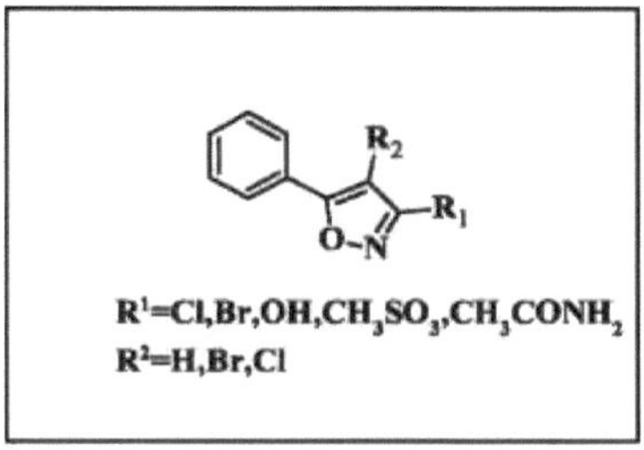

Fig. 1.7

Pedada *et.al,* [52] explicaram a síntese de híbridos de indol-isoxazol como potentes inibidores da PLA2. Entre todos, o composto **49** que consiste em F e CF3 no anel de benzeno ligado e o substituinte CH3 no anel de indol foi considerado o mais potente contra a PLA2 do que o fármaco padrão, o ácido ursólico. Os valores de IC50 observados para o composto **49** mais elevado são quase equivalentes a 10,23 ± 0,91pM.

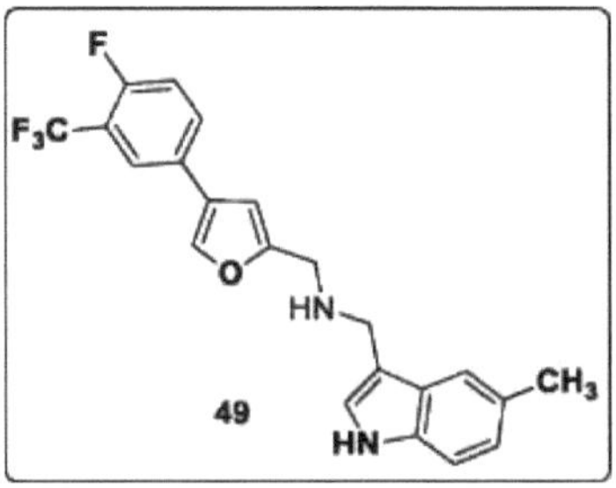

C.A.M. Fraga *et.al,* [53] relataram a síntese de alguns novos compostos de isoxazol-epibatidina como agonistas antinociceptivos do recetor nicotínico de acetilcolina. De todos os compostos preparados, o composto **50** demonstrou uma excelente atividade agonista do recetor nicotínico de acetilcolina antinociceptivo.

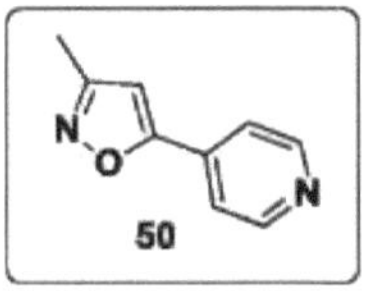

Lenz *et.al,* [54] conceberam e sintetizaram alguns novos híbridos de isoxazol-azepina como agonistas muscarínicos. Entre eles, a maior atividade agonista muscarínica foi observada para o composto **51**, que tem um grupo 3-metoxi no anel azepina, bem como um grupo 3- propargiloxi no isoxazolering.

Kalwat *et.al,* [55] conceberam e sintetizaram alguns novos derivados híbridos (tiofen-2-il)-isoxazol como agentes antidiabéticos. Entre todos, o composto **52 apresentou uma** atividade mais potente.

E. Rajanarendar *et.al,* [56] relataram "o método one-pot de três componentes para obter alguns novos compostos de arilmetilenobis-isoxazolo[4,5-b]piridina-N-óxido. Todas estas moléculas são depois estudadas quanto à atividade anticancerígena contra algumas linhas de células cancerígenas e à atividade anticancerígena in vivo contra os ratos portadores de EAC". De todos os derivados, o composto **53** demonstrou uma potência promissora em estudos de atividade anticancerígena.

F. M. Guizal *et.al,* [57] conceberam e sintetizaram alguns isoxazóis novos que estão ligados a 4-(2-oxopirrolinidil-1)-tetra hidroquinolinas através do método de química de clique. Todas estas moléculas foram estudadas quanto à sua atividade anticancerígena em relação a três linhas de células cancerígenas A549, HepG2 e B16F10 e, de acordo com os resultados, os compostos **54-55 apresentaram o** maior efeito citotóxico *in vitro*. Além disso, a via de morte ligada à citotoxicidade do análogo **55** apresentou características necróticas seletivamente na linha de células tumorais e exibiu uma atividade melhorada em relação ao fármaco de referência (oxaliplatina), sem prejuízo da viabilidade dos hepatócitos.

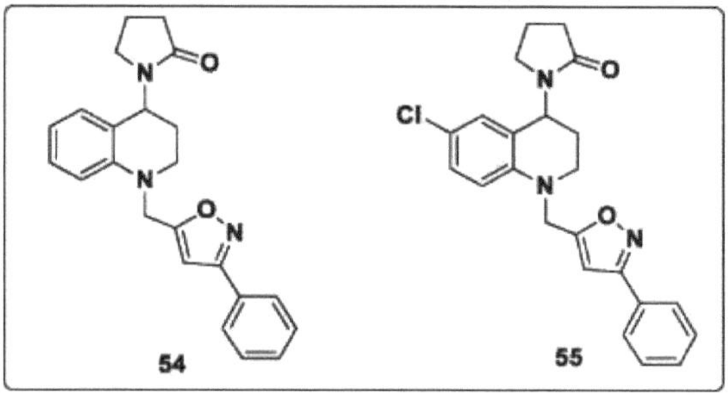

A. Kamal's *et.al,* [58] conceberam e sintetizaram alguns novos 3,5-diaril isoxazolina/isoxazol de 2,3-dihidro quinazolinonas e testaram a atividade anticancerígena. Entre todos, o composto **56** mostrou uma atividade mais potente. Além disso, algumas análises biológicas completas relativas às características do ciclo celular e à atividade de despolimerização da tubulina foram examinadas para encontrar o modo de ação deste conjugado.

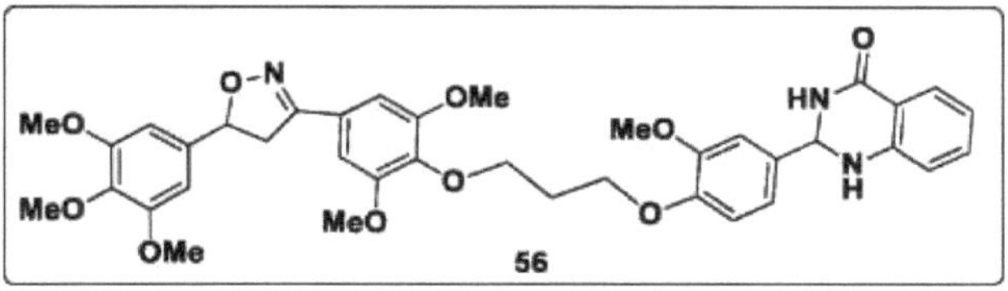

A. Bargiotti *et.al,* [59] conceberam e sintetizaram uma nova família de compostos 3-aril-nafto[2,3ed]isoxazol-4,9-diona. Posteriormente, todas as moléculas foram analisadas quanto à eficácia da ligação à Hsp90 e ao seu impacto na expressão das proteínas clientes da Hsp90 em algumas linhas de células tumorais humanas. Entre todos, os compostos **5758** regularam negativamente as proteínas clientes da Hsp90 EGFR, Akt, Raf-1, Cdk4 e sobreviventes e regularam positivamente a Hsp70. Em particular, os compostos alquilados de 3-piridil exibiram uma potente atividade antitumoral em concentrações de nM. Os resultados iniciais revelaram a atividade in vivo do composto xx no modelo de carcinoma epitelial humano A431 que surge como xenoenxerto tumoral em ratos nus, ajudando assim a possibilidade terapêutica destes actuais inibidores da Hsp90.

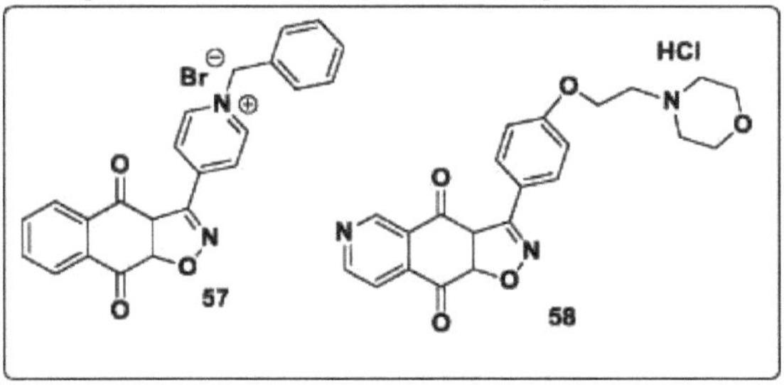

P. SambasivaRao *et.al,* [60] relataram a síntese de algumas novas moléculas híbridas 5-(3-alquilquinolin-2-il)-3-aril isoxazol e testaram a atividade anticancerígena contra A549, MDA-MB 231, COLO 205 e PC-3. Entre elas, o composto **59 demonstrou uma** atividade mais potente contra todas as linhas celulares, com valores IC50 de <12 p,M.

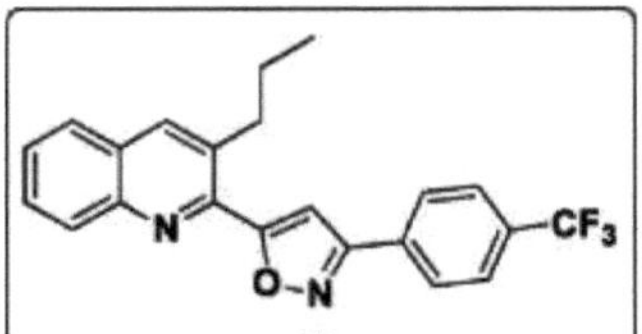

59

Referências

1. Kolb, H. C., & Sharpless, K. B. (2003). O impacto crescente da química de cliques na descoberta de medicamentos. *Drug discovery today*, Vol. 8, No. 24, 1128-1137.
2. Whiting, M., Muldoon, J., Lin, Y. C., Silverman, S. M., Lindstrom, W., Olson, A. J., & Fokin, V. V. (2006). Inibidores da protease do HIV-1 utilizando a química de clique in situ. *Angewandte Chemie*, Vol.1189, No. 1463-1467.
3. Bozorov, K., Zhao, J., & Aisa, H. A. (2019). Híbridos contendo 1, 2, 3-triazol como pistas em química medicinal: Uma visão geral recente. *Química bioorgânica e medicinal*, Vol. 27, No.16, 3511-3531.
4. Dheer, D., Singh, V., & Shankar, R. (2017). Atributos medicinais de 1, 2, 3- triazóis: Desenvolvimentos actuais. *Bioorganic chemistry*, Vol. 71, No. 30-54.
5. Agalave, S. G., Maujan, S. R., & Pore, V. S. (2011). Clique em química: 1, 2, 3- triazóis como farmacóforos. *Chemistry-An Asian Journal*, Vol. 6, No. 10, 2696-2718.
6. Speers, A. E., Adam, G. C., & Cravatt, B. F. (2003). Activity-based protein profiling in vivo using a copper (i)-catalyzed azide-alkyne [3+ 2] cycloaddition. *Journal of the American Chemical Society*, Vol. 125, No.16, 4686-4687.
7. Lutz, J. F. (2007). 1, 3-Dipolar cycloadditions of azides and alkynes: a universal ligation tool in polymer and materials science. *Angewandte Chemie International Edition*, Vol. 46, No.7, 1018-1025.
8. Meldal, M., & Torn0e, C. W. (2008). Ciclodição azida-alquina catalisada por Cu. *Chemical reviews*, Vol. 108, No. 8, 2952-3015.
9. Gramlich, P. M., Wirges, C. T., Manetto, A., & Carell, T. (2008). Modificação pós-sintética do ADN através da Reação de Cicloadição Azida-Alquino catalisada por Cobre. *Angewandte Chemie International Edition*, Vol. 47, No. 44, 83508358.
10. Hein, J. E., & Fokin, V. V. (2010). Cicloadição de azid^alquino catalisada por cobre (CuAAC) e mais além: nova reatividade de acetilídeos de cobre (I). *Chemical Society Reviews*, Vol. 39, No. 4, 1302-1315.
11. Wender, P. H. Handy, S. T. e Wright, e D. L.,(1997) *Chem Ind*, Vol. 19, No. 768.
12. Kolb, H. C., Finn, M. G., & Sharpless, K. B. (2001). Química de cliques: função química diversa a partir de algumas boas reacções. *Angewandte Chemie International Edition*, Vol. 40, No. 11, 2004-2021.
13. Himo, F., Lovell, T., Hilgraf, R., Rostovtsev, V. V., Noodleman, L., Sharpless, K. B., & Fokin, V. V. (2005). Síntese catalisada por cobre (I) de azóis. O estudo DFT prevê reatividade e intermediários sem precedentes. *Journal of the American Chemical Society*, Vol. 127, No. 1, 210-216.
14. Chen, Z., Yan, Q., Liu, Z., & *Zhang*, Y. (2014). Formação de ligações C-N e N-N sem metal: Síntese de 1, 2, 3-Triazoles a partir de cetonas, N-Tosil-hidrazinas e Aminas em um pote. *Chemistry-A European Journal*, Vol. 20, No. 52, 1763517639.
15. Danence, L. J. T., Gao, Y., Li, M., Huang, Y., & Wang, J. (2011). Reações de cicloadição organocatalítica de enamida^-Azida: Síntese regiospecífica de 1, 4, 5-Trisubstituído-l, 2, 3-Triazoles. *Chemistry-A European Journal*, Vol. 17, No. 13, 3584-3587.
16. Ramachary, D. B., Shashank, A. B., & Karthik, S. (2014). Uma cicloadição organocatalítica de azida-aldeído [3 + 2]: Síntese regiosselectiva de alto rendimento de 1, 4-Disubstituído 1, 2, 3-Triazoles. *Angewandte Chemie International Edition*, Vol. 53, No.39, 10420-10424.
17. Shashank, A. B., Karthik, S., Madhavachary, R., & Ramachary, D. B. (2014). Uma reação de cicloadição de azida-cetona [3 + 2] mediada por enolato organocatalítico: Síntese Regiosselectiva de Alto Rendimento de 1, 2, 3- Triazóis Totalmente Decorados. *Chemistry-A European Journal*, Vol. 20, No. 51, 16877-16881.
18. Ackermann, L. Ruben, V. e Robert, B.,(2008) *Adv Synth Catal*, Vol. 350, No. 741.
19. Banday, A. H., & Hruby, V. J. (2014). N / C-heterociclização regiosseletiva de brometo de alenilíndio em azidas de arila: Síntese one-pot de 5-metil-1, 2, 3- triazóis. *Synlett*, Vol. 25, No. 13,

1859-1862.

20. Barluenga, J., Valdes, C., Beltran, G., Escribano, M., & Aznar, F. (2006). Desenvolvimentos na catálise de Pd: Síntese de 1H-1, 2, 3-Triazoles a partir de Azida de Sódio e Brometos de Alquenilo. *Angewandte Chemie*, Vol. 11841, No. 7047-7050.

21. Narasimha, S., Kumar, N. S., Swamy, B. K., Reddy, N. V., Hussain, S. A., & Rao, M. S. (2016). Ácido indole-2-carboxílico derivado de mono e bis 1, 4- dissubstituído 1, 2, 3-triazóis: síntese, caraterização e avaliação das atividades anticâncer, antibacteriana e de clivagem de DNA. *Bioorganic & medicinal chemistry letters*, Vol. 26, No. 6, 1639-1644.

22. Mahdavi, M. Ashtari, A.Khoshneviszadeh, M. Ranjbar, S.Dehghani, A. Akbarzadeh, T.Larijani, B.Khoshneviszadeh, M. andSaeedi, M., (2018) *Chemical Biodiversity*, Vol. 5, 1800120.

23. Sucharitha, E. R., Krishna, T. M., Manchal, R., Ramesh, G., & Narasimha, S. (2021). Híbridos de benzo [1, 3] tiazina-1, 2, 3-triazol fundidos: Síntese de um pote assistida por micro-ondas, antibacteriano in vitro, antibiofilme e estudos ADME in silico. *Bioorganic & Medicinal Chemistry Letters*, Vol. 128, No. 201.

24. Sahay, I. I., & Ghalsasi, P. S. (2017). Síntese de novas moléculas de benzimidazol ligadas a 1, 2, 3-triazol como agentes anti-proliferativos. *Comunicações sintéticas*, Vol. 47, No. 8, 825-834.

25. Narasimha, S., Battula, K. S., Reddy, Y. N., & Nagavelli, V. R. (2018). Formação de ligação C-C catalisada por Cu assistida por micro-ondas: síntese one-pot de 1, 2, 3-triazóis totalmente substituídos usando iodoalcinos não simétricos e sua avaliação biológica. *Química de Compostos Heterocíclicos*, Vol. 54, No.12, 1161-1167.

26. Andrade, P. D., Fraga Dias, A. D., Figueiro, F., Torres, F. C., Kawano, D. F., Oliveira Battastini, A. M., & Campos, J. M. (2020). Derivados de 2- mercaptobenzimidazol ligados a 1, 2, 3-triazol: desenho, síntese e avaliação molecular em relação à linha celular de glioma C6. *Química medicinal futura*, Vol. 12, No. 8, 689708.

27. kumar Thatipamula, R., Narasimha, S., Battula, K., Chary, V. R., Mamidala, E., & Reddy, N. V. (2017). Síntese, avaliação anticâncer e antibacteriana de novos híbridos de triazol (isopropilideno) uridina- [1, 2, 3]. Jornal da Sociedade Saudita de Química, Vol. 21, No. 7, 795-802.

28. White, A. D. Purchase, C. F. Picard, J. A. Anderson, M. K. Bak Mueller, S.Bocan, T. M. A.Bousley, R. F. Katherine, L. H. Brian, R.K. Peter Lee, R. L. S. e James, F. R., (1996) *Journal of Medicinal Chemistry*,Vol. 39, 3908.

29. Narasimha, S., Nukala, S. K., Savitha Jyostna, T., Ravinder, M., Srinivasa Rao, M., & Vasudeva Reddy, N. (2020). Síntese de um pote e avaliação biológica de novos derivados de 4- [3-fluoro-4- (morfolin-4-il)] fenil-1 H-l, 2, 3-triazol como potentes agentes antibacterianos e anticâncer. *Journal of Heterocyclic Chemistry*, Vol. 57, No. 4, 1655-1665.

30. Fray, M. J., Bull, D. J., Carr, C. L., Gautier, E. C., Mowbray, C. E., & Stobie, A. (2001). Relações estrutura-atividade de 1, 4-diidro- (1H, 4H) -quinoxalina-2, 3-dionas como antagonistas do receptor de N-metil-d-aspartato (local da glicina). 1. Derivados heterocíclicos substituídos de 5-alquilo. *Jornal de química medicinal*, Vol. 44, No. 12, 1951-1962.

31. Djemoui, A., Naouri, A., Ouahrani, M. R., Djemoui, D., Lahcene, S., Lahrech, M. B.,& Silva, A. M. (2020). Uma síntese passo a passo de híbridos triazol-benzimidazol-chalcona: Atividade anticancerígena em células humanas+. Jornal de Estrutura Molecular, Vol.1204, No. 127487.

32. Nagavelli, V. R., Nukala, S. K., Narasimha, S., Battula, K. S., Tangeda, S. J., & Reddy, Y. N. (2016). Síntese, caraterização e avaliação biológica de 7- substituídos-4-((1-aril-1H-1, 2, 3-triazol-4-il) metil)-2H-benzo [b][1, 4] oxazin-3 (4H)-onas como agentes anticancerígenos. *Pesquisa em Química Medicinal*, Vol. 25, No. 9, 1781-1793.

33. Gill, C., Jadhav, G., Shaikh, M., Kale, R., Ghawalkar, A., Nagargoje, D., & Shiradkar, M. (2008). Clubbed [1, 2, 3] triazoles by fluorine benzimidazole: a novel approach to H37Rv inhibitors as a potential treatment for tuberculosis. *Bioorganic & Medicinal Chemistry Letters*, Vol. 18, No. 23, 6244-6247.

34. Narasimha, S., Battula, K. S., Nukala, S. K., Gondru, R., Reddy, Y. N., & Nagavelli, V. R.

(2016). Síntese one-pot de derivados de benzoxazino [1, 2, 3] triazolil [4, 5-c] quinolinona fundidos e sua atividade anticâncer. *RSC avança*, Vol. 6, No. 78, 74332-74339.

35. Qiao, Y. F., Okazaki, T., Ando, T., Mizoue, K., Kondo, K., Eguchi, T., & Kakinuma, K. (1998). Isolamento e caraterização de um novo antibiótico pirano [4', 3': 6, 7] nafto [1, 2-b] xanteno FD-594. *The Journal of antibiotics*, Vol. 51, No. 3, 282-287.

36. Bollu, R., Palem, J. D., Bantu, R., Guguloth, V., Nagarapu, L., Polepalli, S., & Jain, N. (2015). Projeto racional, síntese e avaliação anti-proliferativa de novos híbridos de 1, 4-benzoxazina- [1, 2, 3] triazol. *Revista europeia de química medicinal*, Vol. 89, No. 138-146.

37. Kamal, A., Prabhakar, S., Ramaiah, M. J., Reddy, P. V., Reddy, C. R., Mallareddy, A.,& Pal-Bhadra, M. (2011). Síntese e atividade anticancerígena de conjugados de chalcona-pirrolobenzodiazepina ligados através do anel 1, 2, 3-triazol com espaçadores de alcano. *Jornal Europeu de Química Medicinal*, Vol. 46, No. 9, 3820-3831.

38. Hu, F., & Szostak, M. (2015). Desenvolvimentos recentes na síntese e reatividade de isoxazóis: catálise de metal e além. *Advanced Synthesis & Catalysis*, Vol. 357, No. 12, 2583-2614.

39. Li, J. J. e Corey, E. J., *Claisen Isoxazole Synthesis in Name Reactions in Heterocyclic Chemistry*, Wiley & Sons: Hoboken, NJ, (2005) 220.

40. You, Z. H., Chen, Y. H., Tang, Y., & Liu, Y. K. (2018). Síntese assimétrica organocatalítica de compostos heterocíclicos com ponte espiro e fundidos com espiro contendo porções de cromano, indol e oxindole. Cartas orgânicas, Vol. 20, No. 21, 6682-6686.

41. Himo, F., Lovell, T., Hilgraf, R., Rostovtsev, V. V., Noodleman, L., Sharpless, K. B., & Fokin, V. V. (2005). Síntese catalisada por cobre (I) de azóis. O estudo DFT prevê reatividade e intermediários sem precedentes. *Journal of the American Chemical Society*, Vol. 127, No. 1, 210-216.

42. Kankala, S., Vadde, R., & Vasam, C. S. (2011). Reacções de cicloadição 1, 3-dipolar catalisadas por carbenos N-heterocíclicos: uma síntese fácil de isoxazóis 3, 5-di e 3, 4, 5-trissubstituídos. *Organic & biomolecular chemistry*, Vol. 9, No. 22, 7869-7876.

43. Ueda, M., Ikeda, Y., Sato, A., Ito, Y., Kakiuchi, M., Shono, H., ... & Miyata, O. (2011). Síntese catalisada por prata de isoxazóis dissubstituídos por ciclização de éteres de alquinil oxima. *Tetrahedron*, Vol. 67 No. 25, 4612-4615.

44. Ahmed, M., Kobayashi, K., & Mori, A. (2005). Construção one-pot de pirazóis e isoxazóis com acoplamento de quatro componentes catalisado por paládio. *Organic Letters*, Vol. 7, No. 20, 4487-4489.

45. Fr0lund, B., Jensen, L. S., Storustovu, S. I., Stensb0l, T. B., Ebert, B., Kehler, J., & Liljefors, T. (2007). 4-Aryl-5-(4-piperidyl)-3-isoxazolol GABAA antagonists: synthesis, pharmacology, and structure- activity relationships. *Journal of medicinal chemistry*, Vol. 50, No. 8, 1988-1992.

46. Ryng, S., Zimecki, M., Maczynski, M., Chodaczek, G., & Kocieba, M. (2005). Atividade imunossupressora de um isoxazolo [5, 4-e] triazepina-Composto RM33. I. Efeitos sobre a resposta imunitária humoral e celular em ratos. *Pharmacol Rep*, Vol. 57, No. 195-202.

47. Batra, S., Srinivasan, T., Rastogi, S. K., Kundu, B., Patra, A., Bhaduri, A. P., & Dixit, M. (2002). Síntese combinatória e avaliação biológica de bibliotecas à base de isoxazol como agentes antitrombóticos. *Bioorganic & medicinal chemistry letters*, Vol. 12, No. 15, 1905-1908.

48. Poma, P., Notarbartolo, M., Labbozzetta, M., Maurici, A., Carina, V., Alaimo, A., & D'Alessandro, N. (2007). As actividades antitumorais da curcumina e do seu análogo isoxazol não são afectadas por alterações múltiplas da expressão genética num modelo MDR da linha celular de cancro da mama MCF-7: análise da possível base molecular. *Revista internacional de medicina molecular*, Vol. 20, No. 3, 329-335.

49. Tohid, S. F. M., Ziedan, N. I., Stefanelli, F., Fogli, S., & Westwell, A. D. (2012). Síntese e avaliação de 3, 5-diarilisoxazóis contendo indol como potenciais agentes antitumorais pró-apoptóticos. *Revista Europeia de Química Medicinal*, Vol. 56, No. 263-270.

50. Lepage, F., Tombret, F., Cuvier, G., Marivain, A., & Gillardin, J. M. (1992). New N-aryl isoxazolecarboxamides and N-isoxazolylbenzamides as anticonvulsant agents. *Revista Europeia de*

Química Medicinal, Vol. 27, No. 6, 581-593.

51. Carr, J. B., Durham, H. G., & Hass, D. K. (1977). Isoxazole anthelmintics. *Journal of medicinal chemistry*, Vol. 20, No.7, 934-939.

52. Pedada, S. R., Yarla, N. S., Tambade, P. J., Dhananjaya, B. L., Bishayee, A., Arunasree, K. M., ... & Rangaiah, G. (2016). Síntese de novos derivados de isoxazol contendo indol secretório da fosfolipase A2-inibitória como agentes antiinflamatórios e anticancerígenos. *Revista europeia de química medicinal*, Vol. 112, No. 289-297.

53. Silva, N. M., Tributino, J. L., Miranda, A. L., Barreiro, E. J., & Fraga, C. A. (2002). Novos derivados de isoxazol concebidos como candidatos a ligantes do receptor nicotínico de acetilcolina. *European journal of medicinal chemistry*, Vol. 37, No. 2, 163-170.

54. Lenz, S. M., Meier, E., Pedersen, H., Frederiksen, K., B0ges0, K. P., & Krogsgaard-Larsen, P. (1995). Agonistas muscarínicos. Sínteses e relações estrutura-atividade de bioisósteres de ésteres de isoxazol bicíclicos de norarecolina. *Revista Europeia de Química Medicinal*, Vol. 30, No. 4, 263-270.

55. Kalwat, M. A., Huang, Z., Wichaidit, C., McGlynn, K., Earnest, S., Savoia, C., ... & Cobb, M. H. (2016). O isoxazol altera os metabólitos e a expressão gênica, diminuindo a proliferação e promovendo um fenótipo neuroendócrino em células 0. *ACS chemical biology*, Vol. 11, No. 4, 1128-1136.

56. Rajanarendar, E., Raju, S., Reddy, M. N., Krishna, S. R., Kiran, L. H., Reddy, A. R. N., & Reddy, Y. N. (2012). Síntese multicomponente e atividade anticancerígena in vitro e in vivo de novos arilmetileno bis-isoxazolo [4, 5-b] piridina- N-óxidos. *Revista europeia de química medicinal*, Vol. 50, , No. 274-279.

57. Guiza, F. M., Duarte, Y. B., Mendez-Sanchez, S. C., & Bohorquez, A. R. R. (2019). Síntese e avaliação in vitro de híbridos de tetrahidroquinolina-isoxazol substituídos como agentes anticâncer. *Pesquisa em Química Medicinal*, Vol. 28, No. 8, 1182-1196.

58. Kamal, A., Bharathi, E. V., Reddy, J. S., Ramaiah, M. J., Dastagiri, D., Reddy, M. K., & Bhadra, M. P. (2011). Síntese e avaliação biológica de híbridos de 3, 5-diaril isoxazolina / isoxazol ligados a 2, 3-dihidroquinazolinona como agentes anticancerígenos. *Jornal Europeu de Química Medicinal*, Vol. 46, No. 2, 691-703.

59. Bargiotti, A., Musso, L., Dallavalle, S., Merlini, L., Gallo, G., Ciacci, A., & Zunino, F. (2012). Isoxazolo (aza) naftoquinonas: Uma nova classe de inibidores citotóxicos de Hsp90. *Revista europeia de química medicinal*, Vol. 53, No. 64-75.

60. Rao, P. S., Kurumurthy, C., Veeraswamy, B., Poornachandra, Y., Kumar, C. G., & Narsaiah, B. (2014). Síntese de novos derivados de isoxazol 5- (3-alquilquinolina-2-il) -3-aril e sua atividade citotóxica. *Bioorganic & medicinal chemistry letters*, Vol. 24, No. 5, 1349-1351.

CAPÍTULO II

Síntese e caraterização de novos 1,2,3-triazóis Tagged5-[(1H-Indol-3-yl)methylene]pyrimidine Derivados de 2,4,6(*1H,3H,5H*) trionas

2.1: Introdução

O indole é um composto heterocíclico bicíclico em que o benzeno se funde com o anel pirrolo. Foi identificado pela primeira vez por Baeyer em 1866, enquanto investigava a estrutura do corante natural índigo. O farmacóforo do indol é um constituinte omnipresente de muitos produtos naturais (**Fig. 2.1**), incluindo hormonas vegetais (ácido indol-3-acético), algumas hormonas animais, como a melatonina e a serotonina, e muitos alcalóides, como a vinblastina, a vincristina, a vindesina, a vinorelbina, a ajmalina e a fisostigmina. Do mesmo modo, é o principal componente de várias drogas sintéticas, como a indometacina, a fluvastatina, o zafirlukast e o ondansetron (**Fig. 2.2**).

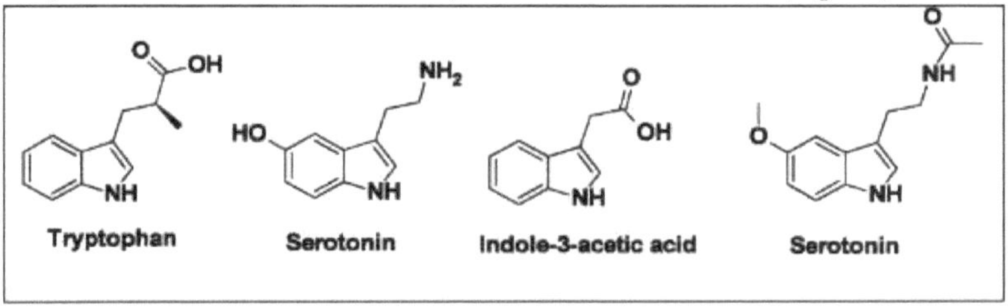

Fig. 2.1-Natural compounds containing indole unit

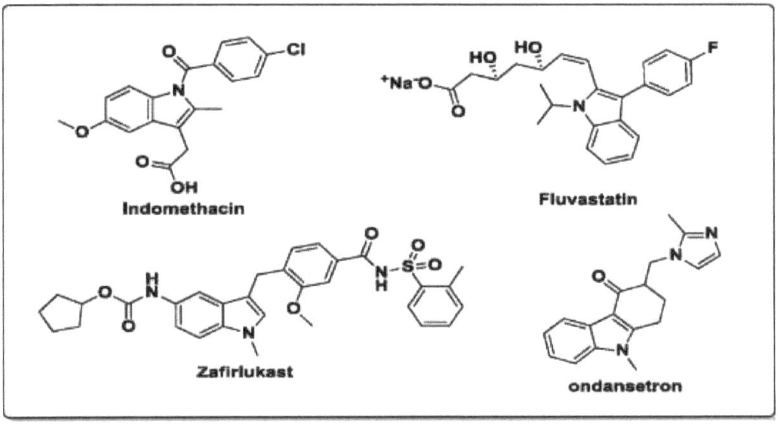

Fig. 2.2 -Commercial drugs containing indole moiety

Vários alcalóides à base de indol, como a vinblastina, a vincristina, a vindesina e a vinorelbina, foram aprovados para curar o cancro do pulmão de células não pequenas, o linfoma, a leucemia, o melanoma e o cancro da mama.

Shengxin Cai *et.al*, |1J isolou 'Okaramine S' (1) de *Aspergillus taichungensis* mostrou boa atividade anticancerígena contra HL-60 e K-562 com valores IC50 0,78 e 22,4 uM respetivamente.

Okaramine S (1)

A jerantinina A (**2**), alcaloide antitumoral à base de indol isolado de *Tabernaemontana Corymbosa* por vijay J.Raja *et.al,* [2] mostrou boa atividade contra as linhas celulares de cancro A559, MCF-7, MDA-468, HCT-116 e HT -29.

Jerantinine A (2)

Sara A.A. Abdelfatah *et.al,* [3] testaram a citotoxicidade da reserpina (**3**) contra células tumorais resistentes a medicamentos, que foi isolada da *Rauwolfia serpentine.*

Reserpine (3)

Fujiki *et.al,* relataram o efeito promotor de tumores da Dihydroteleocidin B (**4**), contra linhas celulares HL-60 que actua por indução da ornitina descarboxilase [4]. Esta foi isolada de *Streptomyces.*

Dihydroteleocidin B (4)

D. Tasdemir *et.al,* [5] isolaram a 5,6-Dibromo-N,N-dimetiltriptamina (5) da *Smenospongia aurea* e analisaram a sua atividade antitumoral, tendo demonstrado uma boa atividade contra as células cancerosas HCT-116.

5.6-Dibromo-N,N-dimehtyltryptamine (5)

Brasilidina A (6) outro alcaloide indol isolado do *Actinomiceto Nocardia brasiliensis* por Jun'ichi Kobayashi *et.al,* [6] mostrou atividade citotóxica contra linhas celulares multirresistentes.

Brasilidine A(6)

Os alcalóides bis-indólicos Dragmacidin D (7) e Hyrtinadine A (8) foram registados por Oliver J. Mc. Connell *et.al.* e Kobayashi *et.al,* respetivamente [7, 8]. A Dragmacidina D apresentou citotoxicidade contra a linha celular de leucemia murina P-388 com IC50 15 p,g /ml e a Hyrtinadine A apresentou citotoxicidade com IC50 1 pg/ml contra a leucemia murina L-1210.

Dragmacidin D (7)

Hyrtinadine A (8)

Van Maarseueen *et.al,* [9] isolaram o anel de oxatiazipina que contém Eudistomin K (9) de *Eudistoma olivaceum* e mostraram atividade antitumoral contra as linhas celulares P-388, HCT-8, L-1210 e A-549.

Edustomin K (9)

O sunitinib (**10**) é um medicamento comercial que contém indol para o tratamento do cancro do estroma renal e gastrointestinal, tendo sido aprovado em 2008 [10]. O osimertinib (**11**) é outro medicamento comercializado para o cancro do pulmão, tendo sido aprovado em 2015 [11, 12]. O sunitinib é um inibidor do recetor do fator de crescimento derivado das plaquetas e também do recetor do fator de crescimento endotelial vascular. O osimertinib actua inibindo o crescimento epidérmico mutado

factor receptor.

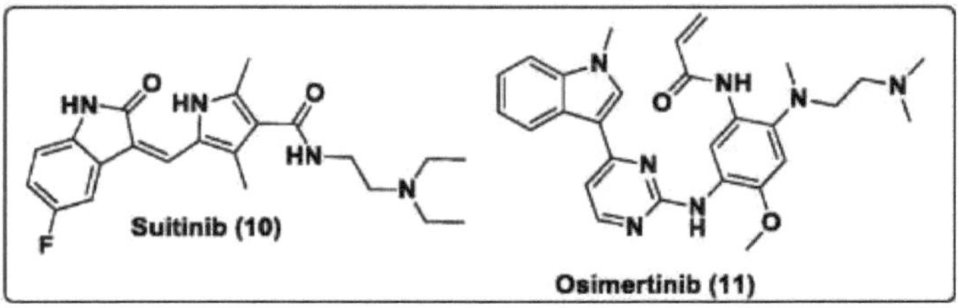

Suitinib (10) — Osimertinib (11)

A Novartis desenvolveu o Panobinostat (**12**), que obteve a aprovação da FDA e actua como um inibidor pan-seletivo da histona desacetilase [13]. Está a ser submetido a ensaios clínicos para o linfoma cutâneo de células T, cancro da próstata e da mama [14, 15].

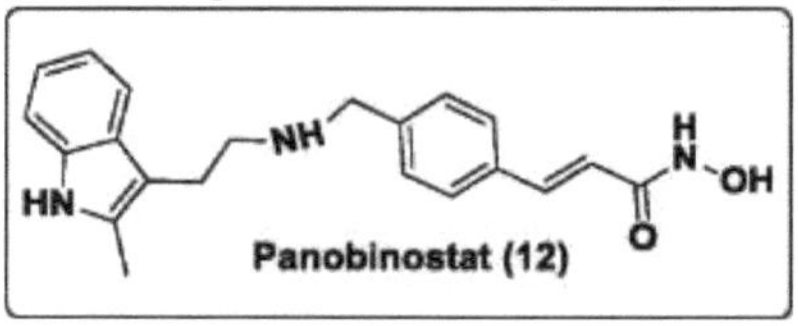

Panobinostat (12)

A AstraZeneca desenvolveu um medicamento oral, o Alectinib (**13**), que é um inibidor da quinase do linfoma anaplásico aprovado pela FDA em 2015 [16].

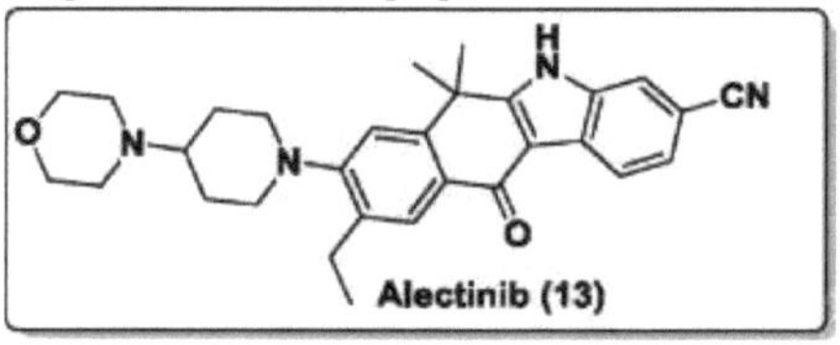

Alectinib (13)

O AZ-20 (14) é outro derivado sintético que demonstrou atividade antitumoral contra a linha celular HT29 com IC_{50} 50 nano molar [17]. O dacinostato (15) é um inibidor da histona desacetilase com uma concentração de 32 nanomolares e está a ser avaliado para o cancro do pulmão de células não pequenas [18].

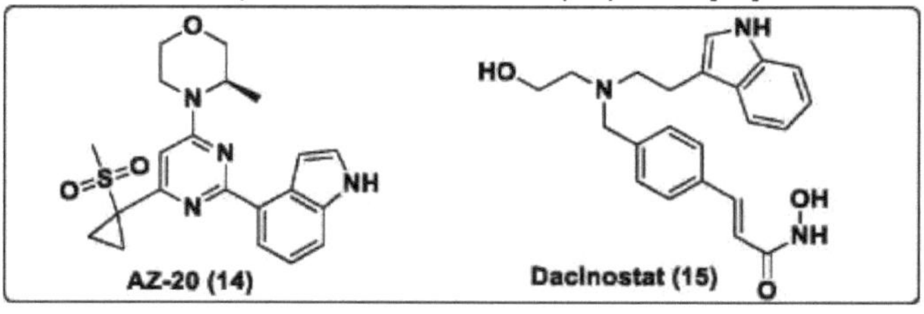

AZ-20 (14) — Dacinostat (15)

A Taiho Pharmaceuticals desenvolveu o orantinib (**16**) como inibidor do recetor 2 do fator de crescimento endotelial vascular, mas este não foi aprovado nos ensaios clínicos para o tratamento do carcinoma hepatocelular [19]. Foi desenvolvido um outro inibidor do recetor 2 do fator de crescimento endotelial vascular, o Motesanib (17), mas este não foi bem sucedido na avaliação clínica do cancro da mama e é eficaz contra o cancro da tiroide [20, 21].

Orantinib (16)

Motesanib (17)

A Gemin X desenvolveu o Obatoclax (18), um inibidor do linfoma de células B 2, que demonstrou atividade em vários tipos de cancro, incluindo o cancro do pulmão de pequenas células, o mieloma múltiplo, a leucemia, a mielofibrose, o linfoma não-Hodgkin e a mastocitose, estando a ser objeto de avaliação clínica [22-24].

Obatoclax (18)

O serdemetan (19), desenvolvido pela Johnson and Johnson Pharmaceutical and Research Development Pvt.Ltd., é um inibidor da HDM2 e foi avaliado para tumores sólidos em fase avançada [25].

Serdementan (19)

Enzastaurina (20) medicamento para o tratamento do cancro da próstata, cancro da mama, carcinoma de células renais, leucemia e cancro do pâncreas (em ensaios clínicos). Trata-se de um inibidor da proteína quinase C beta [26, 27]. A Novartis desenvolveu o Sotrastaurin (21) como inibidor da pan-proteína quinase C e está a ser objeto de ensaios clínicos para o linfoma e o melanoma [28, 29].

Enzastaurin (20)

Sotrastaurin (21)

A Agouron Pharmaceuticals desenvolveu o Rucaparib (22), um inibidor da poli (ADP ribose) polimerase. Está a ser objeto de ensaios clínicos [30].

Nicholas Kwiatkowski *et.al.* demonstraram que o THZ1 (**23**) é um inibidor seletivo e irreversível da CDK7. Esta molécula tem atividade na leucemia. Os estudos de acoplamento molecular do composto revelaram que este tem uma ligação covalente com o aminoácido CYS312 da proteína quinase 7 dependente da ciclina [31].

Kanamura *et.al*, [32] demonstraram que a Indolmycin (**24**) é uma molécula para a cura da infeção por Helicobacter pylori e J. G. Hurdle *et.al*, [93] explicaram a atividade anti-estafilocócica da mesma molécula. Este medicamento foi eficaz a uma concentração de 0,5 e 0,016 jig /ml contra Staphylococcusaureus e Helicobacter pyroli, respetivamente.

Mark T. Hamann *et.al,* isolaram a 6-Bromoaplysinopsina (**25**) da Smenospongia aurea e demonstraram que possui uma atividade significativa contra o Plasmodium falciparium a uma concentração de 0,34 pig/ml [34].

Giuliana Castello Coatti *et.al,* relatou que

A aspidospermina (**26**) tem propriedades antiparasitárias contra *Plasmodium*, *Leishmania* e *Trypanossoma sp.* Foi extraída de *Aspidosperma* [35].

Alguns derivados da indoloquinolina, como a criptoleptina (**27**) e a neocriptolepina (**28**) e alcalóides relacionados, foram isolados da Cryptolepis sanguinolenta e mostraram atividade antiplasmódica com um valor IC50 na gama de 27-63 ng/ml contra estirpes de Plasmodium falciparum resistentes à cloroquina [36, 37].

G. O'donnell e S. Gibbons demonstraram a atividade antibacteriana da Cantina-6-ona (29) e da 8-hidroxicatina-6-ona (30) que foi isolada do Allium neapolitanum. São activas contra Staphylococcus aureus com CIM igual a 8-64 g/ml e contra espécies de Mycobacterium com CIM de 2-32 g/ml [38].

Uma série de compostos de 1,3,4-oxadiazóis à base de indol foi preparada por Desai *et.al*, como agentes antituberculosos [39]. Os compostos foram testados quanto à sua atividade contra *Mycobaacterium tuberculosis* e *Mycobacterium bovis* BCG. Entre todos os compostos cuja atividade foi testada, o composto **31** apresentou maior atividade (CIM igual a 0,94 g/ml contra *Mycobacterium bovis BCG*).

Heuseca *et.al*, preparou outra série de compostos que eram activos contra Staphylococcus aureus com MIC = lpg/ml. O composto **32** apresentou a potência mais elevada em comparação com todos os derivados e também foi analisado para outras bactérias Gram positivas e Gram negativas [40].

Singh *et.al*, sintetizou o composto **33** como um agente potencial com actividades antimicrobianas e antifúngicas [41]. Naidu *et.al*, relataram o potente composto **34** com valor MIC = 126,86 pM em relação à estirpe *Mycobacterium tuberculosis* H37RV
[42].

Uma série de híbridos de bis-indole sintetizados por Choppara *et.al,* [43] e foram testados para actividades antibacterianas e antifúngicas. Entre todos os compostos testados, o composto **35** mostrou uma atividade notável contra *K. pneumonia, P. aeruginosa, Aspergillus* sp e *B. subtilis.* Uma série de derivados à base de indol ligados a 1,2,3-triazol foi preparada e testada para actividades antimicrobianas por Behbehani *et.al,* [44]. Os compostos **36, 37** e **38 mostraram uma** atividade potente contra *Bacillus subtilis, Staphylococcus aureus, Escherichia coli* e *Candida albicans.*

2.2: Trabalho atual

Encorajado pelas propriedades terapêuticas polivalentes do farmacóforo do indol e dos derivados do 1,2,3-triazol, planeei construir moléculas híbridas que incorporassem ambos os andaimes activos numa única estrutura molecular.

Síntese de novos derivados de 1,2,3-triazol marcados com 5-[(1H-Indol-3-il)metileno]pirimidina- 2,4,6(1H,3H,5H)triona

A partir da literatura, verificou-se que a porção indol foi incorporada em vários candidatos a fármacos naturais e sintéticos que foram úteis para o tratamento de várias doenças, e a eficiência será aumentada pela combinação do anel indol com a unidade 1,2,3- triazol. Aqui planeei preparar novas moléculas que consistem em ambos os farmacóforos activos num único composto híbrido. Aqui foi efectuada a síntese de novos compostos de 1,2,3-triazol ligados a 5-[(1H-Indol-3-il)metileno]pirimidina-2,4,6(1H,3H,5H)triona.

Neste capítulo, apresentei a síntese e a caraterização de

i. Preparação de 1-(prop-2-ino-1-il)-1H-indole-3-carbaldeído (**40**) a partir de 1H-indole-3-carbaldeído (**39**)

ii. Preparação de 5-{[1-(prop-2-yn-1-il)-1H-indol-3-il]-metileno}pirimidina- 2,4,6(1H,3H,5H)triona (**41**)

iii. Preparação de derivados de 5-{(1-[(1-fenil-1H-1,2,3-triazol-4-il)-metil]-1H-indol-3-il)metileno}pirimidina-2,4,6-(1H,3H,5H)triona (**42a-42k**)

Todos os compostos do título foram sintetizados em três etapas consecutivas (**Esquema 2.1**). Na primeira etapa, a reação entre o 1H-indole-3-carbaldeído (**39**) e o brometo de propargilo na presença de K2CO3 em DMF seco durante 1 h a 80 °C conduz à formação de 1-(prop- 2-yn-1-il)-1H-indole-3-carbaldeído (**40**). Na segunda etapa, o intermediário **40** foi submetido à condensação de Knoevenagel com a pirimidina-2,4,6(1H,3H,5H)triona após refluxo na presença de piperidina como catalisador em etanol durante 4h, conduzindo ao intermediário 5-{[1-(prop-2-yn-1-il)-1H-indol-3-il]-metileno}pirimidina-2,4,6(1H,3H,5H)triona (**41**). Na etapa final, o intermediário **41** foi introduzido na cicloadição com várias azidas aromáticas substituídas / azidas benzílicas substituídas nas condições da reação de clique na presença de Cu (I) como catalisador em THF seco durante 12 h para dar os derivados correspondentes de 5-{(1-[(1-fenil-1H-1,2,3-triazol-4-il)-metil]-1H- indol-3-il) metileno} pirimidina -2,4,6 -(1H,3H,5H) triona (**42a-42k**) em rendimento quantitativo.

As estruturas dos derivados **42a-42k** (**Tabela 2.1**) foram confirmadas pelos espectros[1] H NMR,[13] C-NMR, IR e ESI-MS. [1]Os espectros de RMN de H dos compostos **42a-42k** revelaram singletos nas gamas de 5,58-5,86 ppm e 8,65-9,70) ppm que foram atribuídos aos protões metilénicos ligados ao átomo de azoto do anel indol e ao protão do anel 1,2,5-triazol, respetivamente, enquanto as ressonâncias de carbono correspondentes nos espectros de RMN de[13] C foram observadas a 41,2-42,3 e 121,^123,2 ppm, respetivamente. Os outros protões e carbonos ressoaram nas regiões esperadas.

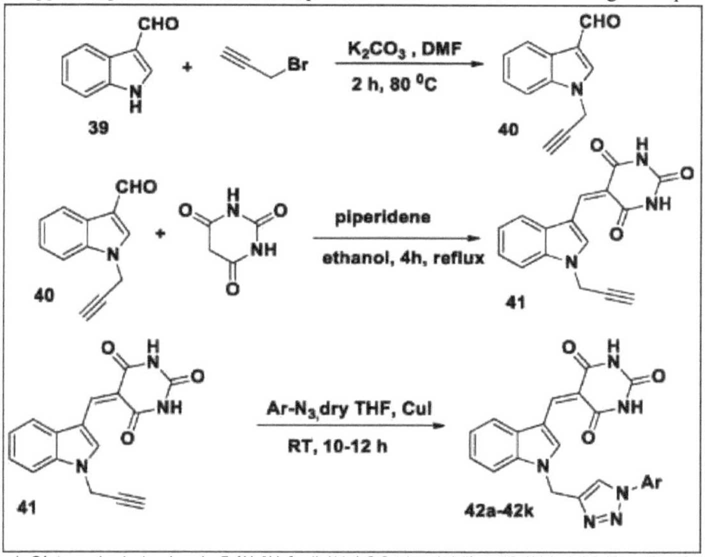

Esquema 1: Síntese de derivados de 5-{(1-[(1-fenil-1H-1,2,3-triazol-4-il)metil]-1H-indol-3-il)metileno}pirimidina-2,4,6(1H,3H,5H)-triona (42a-42k)

Tabela 2.1: Derivados de 5-{(1-[(1-fenil-1H-1,2,3-triazol-4-il)metil]-1H-indol-3-il)metileno}pirimidina-2,4,6(1H,3H,5H)-triona (42a-42k)

Comp.No.	Ar	Product
42a	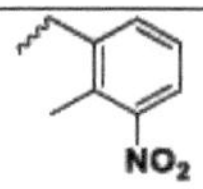 NO_2-substituted methylphenyl	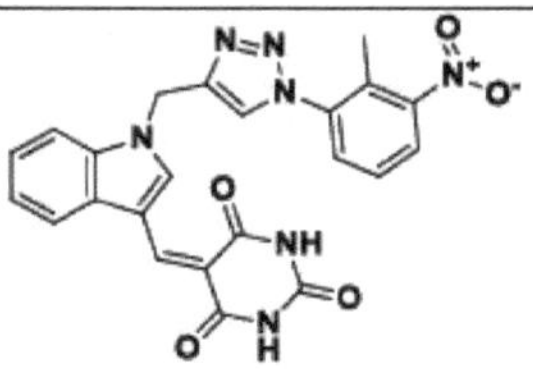 (structure)
42b	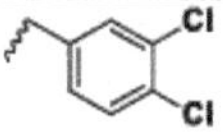 3,4-dichlorophenyl	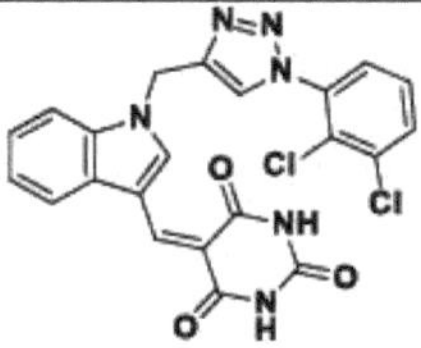 (structure)
42c	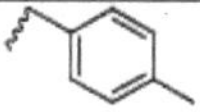 4-methylphenyl	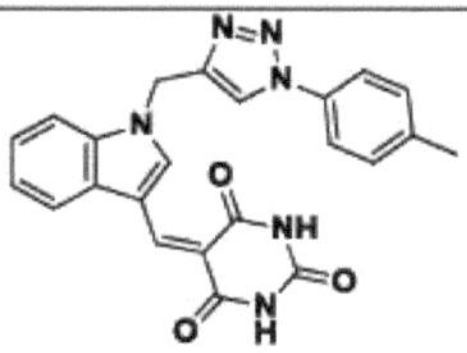 (structure)
42d	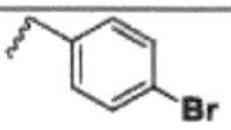 4-bromophenyl	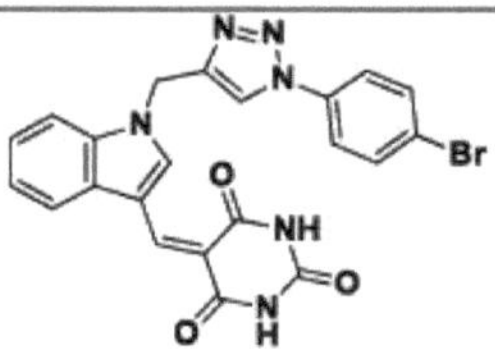 (structure)
42e	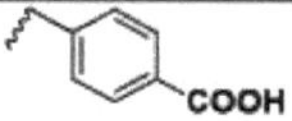 4-COOH-phenyl	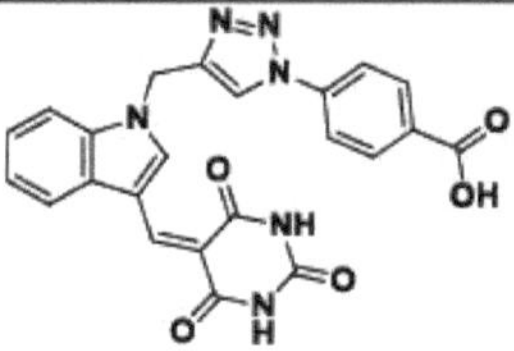 (structure)

42f	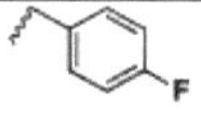	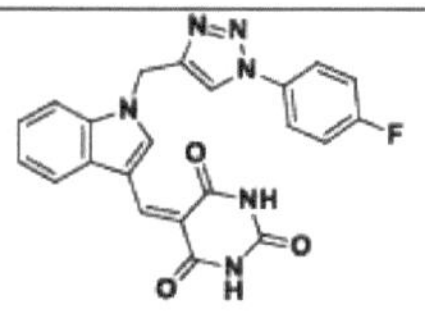
42g	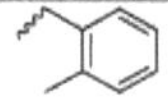	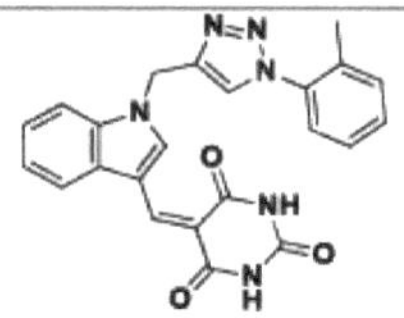
42h	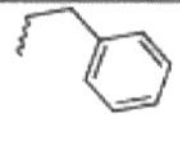	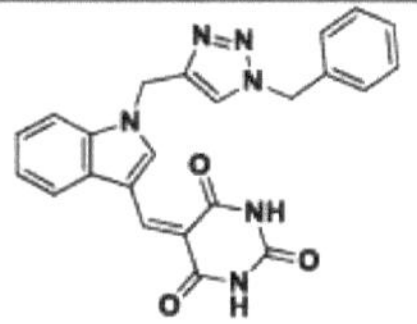
42i	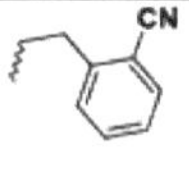	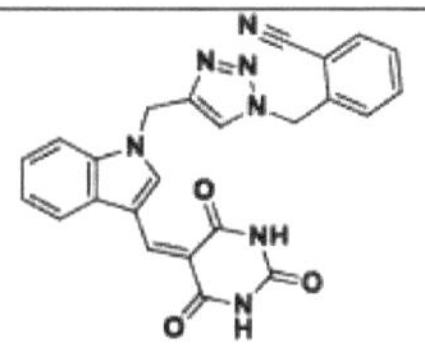
42j	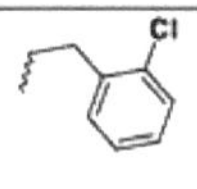	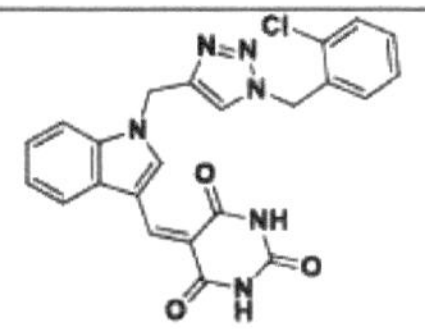
42k	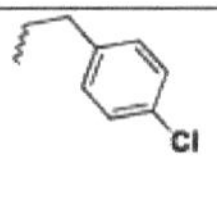	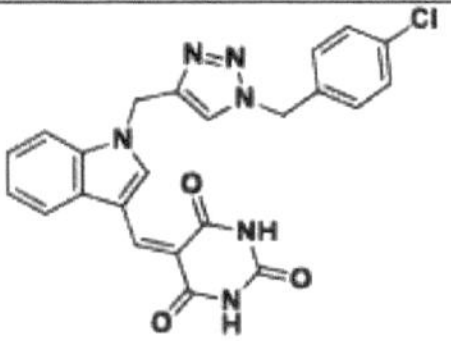

2.3: Secção Experimental

Os produtos químicos necessários são adquiridos sem purificação para esta investigação. Os pontos de fusão de todos os compostos foram determinados num aparelho de ponto de fusão Casia-Siamia (VMP-AM). Os espectros de IV foram registados num espetrofotómetro Perkin-Elmer FT-IR para discos de KBr. Os espectros de RMN foram medidos para soluções em DMSO-d6 num Bruker Avance 400 MHz utilizando TMS como padrão interno. Os espectros de massa de impacto de electrões (EI) e de ionização química foram registados num instrumento VG Micro mass modelo 7070H. Todas as reacções foram monitorizadas por TLC em placas de gel de sílica Merck pré-revestidas e as manchas foram visualizadas sob luz UV. A cromatografia em coluna foi efectuada em gel de sílica, 10)0-20)0) mesh (Merck). Os valores da constante de acoplamento (J) são apresentados em Hertz e os múltiplos de spin são indicados como s (singleto), d (dupleto), t (tripleto) e m (multipleto).

Procedimento geral para a síntese do 1-(prop-2-ino-1-il)-1H-indole-3-carbaldeído (40)

O 1H-indole-3-carbaldeído **39** (23 mmol) e o carbonato de potássio (25 mmol) foram dissolvidos em 10 mL de formamida dimetil seca. Posteriormente, adicionou-se lentamente brometo de propargilo (23 mmol), sob agitação. A mistura reacional foi agitada a 80°C durante 2 h e depois extraída com acetato de etilo para obter 1-(prop-2-yn- 1-yl)-1H-indole-3-carbaldeído em bruto **(40)**. A purificação do resíduo bruto por cromatografia em coluna utilizando acetato de etilo a 15% em hexano como eluente conduziu ao isolamento do composto **40** puro.

Procedimento geral para a síntese da 5-{[1-(prop-2-yn-1-il)-1H-indol-3-il]-metileno}pirimidina-2,4,6(1H,3H,5H)triona (41)

Dissolveu-se a pirimidina-2,4,6 (1H,3H,5H)triona (33 mmol) em etanol (10 mL) e adicionou-se uma quantidade catalítica de piperidina. A esta mistura adicionou-se 1-(prop-2-yn-1- yl)-1H-indole-3-carbaldeído **40** (33 mmol). A mistura reacional foi mantida em refluxo durante 4 h. O solvente foi removido sob pressão reduzida e o resíduo foi diluído com água destilada e extraído três vezes com diclorometano. As camadas orgânicas combinadas foram secas sobre Na2SO4 anidro e concentradas, obtendo-se a 5-{[1-(prop-2-yn-1-il)-1H-indol-3-il]-metileno} pirimidina- 2,4,6(1H,3H,5H)triona **(41)**, que foi purificada por cromatografia em coluna utilizando acetato de etilo em hexano.

Procedimento geral para a preparação de derivados de 5-{(1-[(1-fenil-1H-1,2,3-triazol-4-il)metil]-1H-indol-3-il)metileno}pirimidina-2,4,6(1H,3H,5H)-triona (42a-42k)

O intermediário, 5-{[1-(prop-2-yn-1-yl)-1H-indol-3-yl]metileno}pirimidina-2,4,6(1H,3H,5H)triona **41** (3,0 mmol), foi dissolvido em THF seco (10 mL) e foi adicionada uma quantidade catalítica de CuI. Adicionaram-se lentamente azidas aromáticas/benzilazidas substituídas (3,0 mmol) em THF seco, sob agitação à temperatura ambiente e sob atmosfera de azoto. Após 12 horas de agitação, o solvente foi removido sob pressão reduzida, o resíduo foi diluído com água destilada e extraído três vezes com acetato de etilo. As camadas orgânicas combinadas foram secas sobre Na2SO4 anidro e concentradas para dar o produto que foi purificado por cromatografia em coluna utilizando acetato de etilo em hexano.

2.4: Dados de caraterização de (42a-42k) 42a: 5-{(1-[(1-(2-metil-3-nitrofenil)-1H-1,2,3-triazol-4-il]metil)-1H-indol-3-il)metileno}pirimidina-2,4,6(1H,3H,5H)-triona

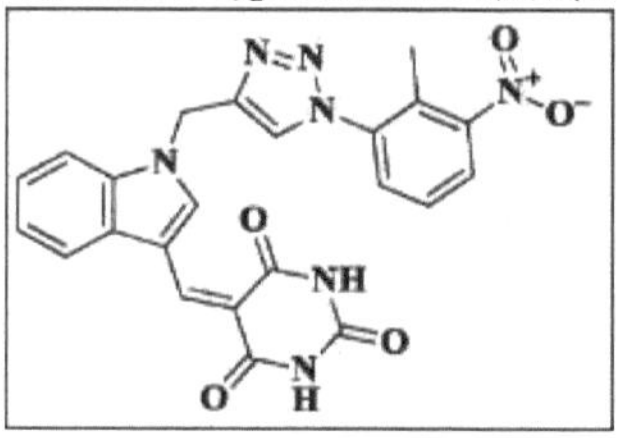

Rendimento 90%: mp 243-245°C. Espectro de IV, v, cm^{-1} : 3093, 2947, 1738, 1669, 1554, 1439. Espectro de 1H NMR, 5, ppm: 2,13 s (3H). 5.86 s (2H), 7.43-7.35 m (2H), 7.66 t (J =8.1 Hz, 1H), 7.81-7.89 m (2H), 7.92 dd (J = 6.2,2.7 Hz, 1H), 8.16 dd (J = 8.2, 1.0 Hz, 1H), 8.68 s (1H), 8.78 s (1H), 9.67 s (1H), 11.10 s (1H), 11.17 s(1H). [13]Espectro de RMN de C, SC, ppm: 13.86, 41.94, 109.10, 110.73, 112.06, 117.89, 123.10, 123.79, 125.67, 126.54, 127.90, 128.41, 129.80, 131.07, 136.34, 137.44, 141.71, 142.10, 142.87, 150.40, 150.60, 163.10, 164.42.ESI-MS: m/z: 472 [M + 1] observado para

C23H17N7O5.

42b: 5-[(1-{[1-(2,3-dichlorophenyl)-1H-1,2,3-triazol-4-yl]methyl}-1H-indol-3-yl)metileno]pirimidina-2,4,6(1H,3H,5H)-triona

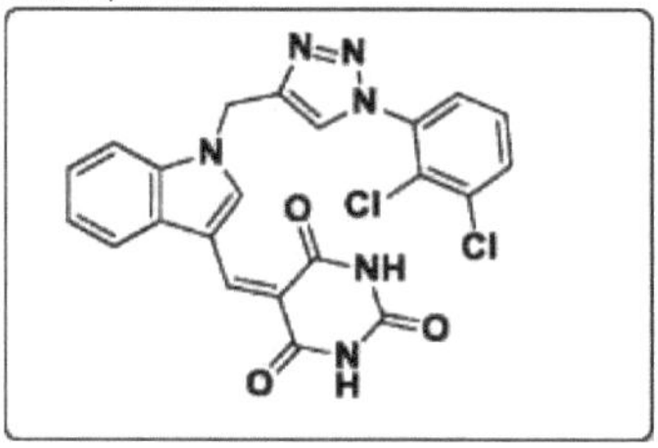

Rendimento 85%, mp 220-222°C. Espectro de IV, v, cm^{4} : 3087, 2826, 1740, 1668, 1544, 1435. Espectro de RMN de 1H, 8, ppm: 5,85 s (2H),7,25-7,42 m (3H), 7,85 d (J= 9,0 Hz, 1H), 7,89-7,94 m (2H), 8,24 s (1H), 8,68 s (1H), 9,04 s (1H), 9,70 s (1H), 11,11 s (1H), 11,18 s (1H). [13]Espectro de RMN de C, SC, ppm: 41,53, 110,02, 114,57, 115,22, 115,87, 120,20, 121,93, 123,40, 125,50, 129,90, 131,15, 131,23, 131,81, 132,34, 135,90, 137,36, 143,50, 150,17, 154,73, 161,91, 163,84. ESI-MS: m/z: 482 [M + 1] observado para C22H14Cl2N6O3. 42c: 5-[(1-{[1-(p-tolyl)-1H-1,2,3-triazol-4-yl]methyl}-1H-indol-3-yl)methylene]

pirimidina-2,4,6(1H,3H,5H)-triona

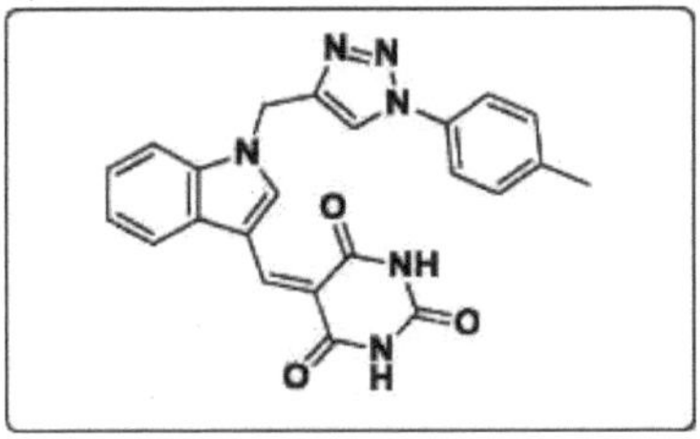

Rendimento 86%: mp 23^231°C.Espectro de IV, v, cnT^1 : 3090, 2971, 1723, 1677, 1588, 1452. Espectro de RMN de 1H, 8, ppm: 5,82 s (2H), 2,36 s (3H), 7,31-7,43 m (4H), 7,75 d (J = 8,3 Hz, 2H), 7,89 d (J = 8,9 Hz, 2H), 8,68 s (1H), 8,92 s (1H), 9,69 s (1H), 11,10 s (1H), 11,17 s (1H). ^{13}Espectro de RMN de C, SC, ppm: 14.13, 42.30, 109.03, 112.32, 115.56, 117.01, 120.07, 123.26, 123.57, 125.68, 126.31, 127.10, 130.24, 131.23, 134.24, 138.48, 142.94, 150.14, 161.30, 163.91.ESI-MS: m/z: 427 [M + 1] observado para C23H18N6O3.

42d: 5-[(1-{[1-(4-bromophenyl)-1H-1,2,3-triazol-4-yl]methyl}-1H-indol-3-yl)metileno]pirimidina-2,4,6(1H,3H,5H)-triona

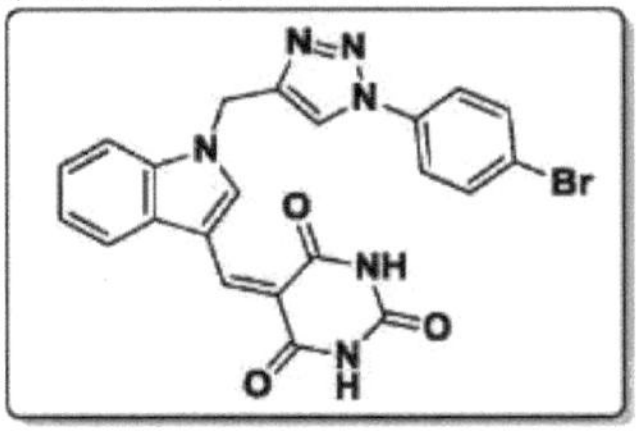

Rendimento 80%, mp 208-210°C. Espectro de IV, v, cm^{-1} : 3087, 2826, 1741, 1668, 1540, 1435. Espectro de 1H NMR. S. ppm: 5,84 s (2H), 7,23-7,42 m (4H), 7,69-7,95 m (4H), 8,46 s (1H), 8,94 s (1H), 9,70 s (1H), 11,11 s (1H), 11,19 s (1H). ^{13}Espectro de RMN de C, 8C, ppm: 42,06, 109,90, 110,83, 111,03, 117,54, 121,13, 122,71, 123,65, 124,82, 130,02, 136,51, 136,82, 139,91, 140,70, 142,51, 143,51, 150,01, 153,40, 160,93, 162,06. ESI-MS: m/z: 492 [M + 1] observado para C22H15BrN6O3.

42e: 4-[4-({3-[(2,4,6-trioxotetrahydropyrimidin-5(2H)-ylidene)methyl]-1H-indol- 1-yl}methyl)-1H-1,2,3-triazol-1-yl]benzoic acid

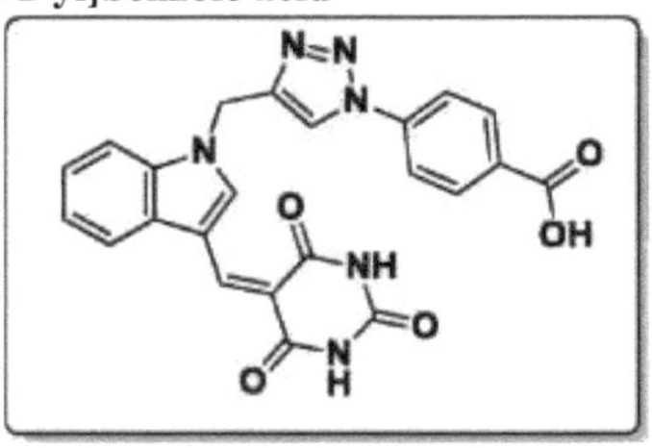

Rendimento 92%, mp 251-252°C. Espectro de IV, v, cm^4 : 3104, 3020, 2930, 1721, 1703, 1675, 1541, 1445. Espectro de RMN de 1H, 8, ppm: 5,86 s (2H), 7,19-7,46 m (4H), 7,618,04 m (4H), 8,46 s (1H), 8,68 s (1H), 9,70 s (1H), 11,10 s (1H), 11,17 s (1H), 13,27 s (1H). ^{13}Espectro de RMN de C, SC, ppm: 41,42, 109,17, 110,70, 111,28, 117,49, 121,04, 122,30, 122,62, 123,65, 129,81, 136,26, 136,80, 140,74, 141,79, 143,70, 150,37, 163,12, 164,40, 184,78. ESI-MS: m/z: 457 [M + 1] observado para c23H16N6O5.

42f: 5-[(1-{[1-(4-fluorophenyl)-1H-1,2,3-triazol-4-yl]methyl}-1H-indol-3-yl)metileno] pirimidina-2,4,6(1H,3H,5H)-triona

Rendimento 81%, mp 218-220°C.Espectro de IV, v, cm^4 : 3049, 2971, 1735, 1663, 1546, 1457. Espectro de RMN de 1H, 8, ppm: 5,84 s (2H), 7,28-7,46 m (4H), 7,73-7,92 m (4H), 8,68 s (1H), 8,95 s (1H), 9,70 s (1H), 11,11 s (1H), 11,18 s (1H).^{13} c Espectro de RMN, Sc, ppm: 41.83, 109.91, 112.34, 114.93, 115.59, 122.56, 122.65, 123.63, 124.56, 125.71, 130.01, 131.19, 133.06, 136.08, 136.91, 143.11, 155.23, 162.30, z162.80, 163.91. ESI-MS: m/z: 431 [M + 1] observado para c22H15FN6O3.

42g: 5-[(1-{[1-(o-tolyl)-1H-1,2,3-triazol-4-yl]methyl}-1H-indol-3-yl)methylene]pyrimidine-2,4,6(1H,3H,5H)-trione

Rendimento 80%, mp 212-215°C.Espectro de RMN de 1H, 5, ppm: 2,32 s (3H), 5,79 s (2H),7,35 dd (J = 9,5, 6,3 Hz, 4H), 7,70-7,90 m (4H), 8,68s (1H), 8,90 s (1H), 9,68 s (1H), 11,07 s (1H), 11,12 s(1H). ^{13}Espectro de RMN de C, 3c, ppm: 13,80, 41,93, 109,15, 110,80, 112,10, 117,90, 120,93, 123,06, 123,81, 125,60, 126,50, 127,91, 128,42, 129,31, 131,01, 136,30, 137,40, 141,93, 150,31, 163,15, 164,40. ESI-MS: m/z: 427 [M + 1] observado para c23H18N6O3.

42h: 5-({1-[(1-benzyl-1H-1,2,3-triazol-4-yl)methyl]-1H-indol-3-yl}metileno)pirimidina-2,4,6(1H,3H,5H)-triona

Rendimento 88%, mp 225-227°C. Espectro de IV, v, cm$^{'1}$: 3087, 2826, 1740, 1668, 1544, 1435. Espectro de RMN de 1H, 3, ppm: 5,58 s (2H), 5,72 s (2H), 7,24-7,47m (7H), 7,547,95 m (2H), 8,29 s (1H), 8,66 s (1H),9,63 s (1H), 11,10 s (1H), 11,17 s (1H). ^{13}Espectro de RMN de C, 3c, ppm: 42,92, 52,61, 109,22, 110,64, 112,02, 117,91, 123,09, 123,80, 125,86, 127,17, 128,06, 130,77, 133,27, 136,36, 137,54, 141,89, 142,90, 150,36, 163,11, 164,37. ESI-MS: m/z: 427 [M + 1] observado para c23H18N6O3.

42i: 2-{(4-[(3-{(2,4,6-Trioxotetrahydropyrimidin-5(2H)-ylidene)methyl}-1H-indol-1-il)metil]-1H-1,2,3-triazol-1-il)metil}benzonitrilo

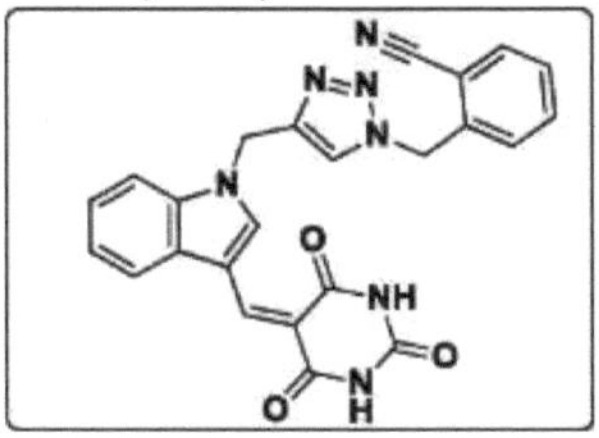

Rendimento 85%, mp 231-232°C. Espectro de IV, v, cm^4 : 3079, 2229, 1740, 1701, 1672, 1549, 1426. Espectro de RMN de 1H, 3, ppm: 5,75 s (2H), 5,81 s (2H), 7,32 d (J = 7,8 Hz, 1H),7,37 m (2H), 7,55 t (J = 7,5 Hz, 1H), 7,60-7.74 m(1H), 7.70-7.84 m (1H), 7.91 d (J = 6.9 Hz, 2H), 8.36s (1H), 8.66 s (1H), 9.63 s (1H), 11.09 s (1H), 11.17 s(1H). ESIMS: m/z: 452 [M + 1] observado para C24H17N7O3.

42j: 5-{(1-[(1-{2-Chlorobenzyl}-1H-1,2,3-triazol-4-yl)-methyl]-1H-indol-3-yl)metileno}pirimidina-2,4,6-(1H,3H,5H)triona

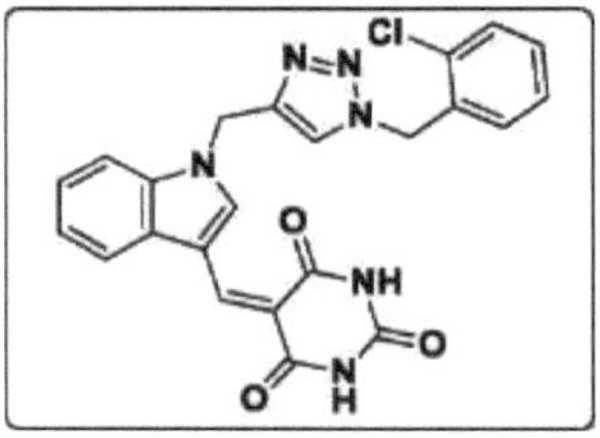

Rendimento 88%, mp 235-236°C. Espectro de RMN de 1H, ppm: 5,68 s (2H), 5,71 s (2H),6,99-7,10 m (1H), 7,24 s (1H), 7,3^-7,41 m (4H), 7,69- 7,81 m (1H), 7,8^-7,95 m (1H), 8,33 s (1H), 8,66 s (1H), 9,63 s (1H), 11,09 s (1H),11,18 s (1H). ^{13}Espectro de RMN de C, SC, ppm: 43.21, 52.61, 109.22, 110.64, 112.02, 117.91, 123.09, 123.80, 125.86, 127.17, 127.96, 128.06, 129.96, 130.77, 131.06, 133.27, 136.36, 137.51, 141.89, 142.63, 150.36, 163.11, 164.37.

42k: 5-{(1-[(1-{4-Chlorobenzyl}-1H-1,2,3-triazol-4-yl)-methyl]-1H-indol-3-yl)methylene}pyrimidine-2,4,6-(1H,3H,5H)trione

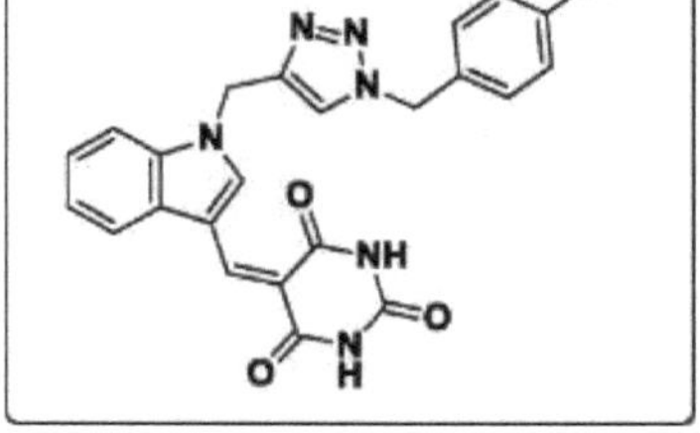

Rendimento 90%, mp 245-247°C. Espectro de IV, v, cm^4 : 3087, 2973, 1672, 1526, 1429.1H Espectro de RMN, S, ppm: 5,73 s (2H), 5,86 s (2H),7,20-7,44 m (4H), 7.89 d (J = 9,2 Hz, 2H), 8,11 d (J =9,2 Hz, 2H), 8,46 s (1H), 8,67 s (1H), 9,70 s (1H),11,10 s (1H), 11,16 s (1H). ^{13}Espectro de RMN de C, SC, ppm: 43,20, 52,41, 109,31, 110,70, 112,10, 118,01, 123,13, 123,79, 125,90, 127,71, 128,10, 129,91, 130,77, 133,01, 136,40, 137,51, 142,01, 143,51, 149,95, 163,31, 164,29. ESI-MS: m/z: 461 [M + 1] observado para C23H17ClN6O3.

2.5: Conclusão

Nesta secção, discute-se a síntese de novos 1,2,3-triazóis marcados com 5-[(1H-indol-3-il)metileno] pirimidina-2,4,6(1H,3H,5H)triona modificados utilizando a reação de cicloadição [3+2] catalisada por Cu(I). Os compostos sintetizados (**42a-42k**) foram estabelecidos com a ajuda da análise dos seus dados espectrais (IR, NMR e massa) e mostraram as suas estruturas. Os dados espectrais das moléculas são evidentes para as estruturas propostas.

Referências

1. Cai, Shengxin; Sun, Shiwei; Peng, Jixing; Kong, Xianglan; Zhou, Huinan; Zhu, Tianjiao; Gu, Qianqun; Li, Dehai (2015). Okaramines S-U, três novos alcalóides indol diketopiperazina de Aspergillus taichungensis ZHN-7-07. *Tetrahedron*, Vol. 71(22), 3715-3719.

2. Raja, Vijay J.; Lim, Kuan-Hon; Leong, Chee-Onn; Kam, Toh-Seok; Bradshaw, Tracey D. (2014). O novo alcaloide indol antitumoral, Jerantinine A, evoca uma potente parada do ciclo celular G2 / M visando os microtúbulos. *Investigational New Drugs*, Vol. 32, No. 5, 838-850.

3. Abdelfatah, Sara A.A.; Efferth, Thomas (2015). Citotoxicidade do alcaloide indol reserpina de Rauwolfia serpentina contra células tumorais resistentes a medicamentos. *Phytomedicine*, Vol. 22, No. 2, 308-318.

4. H. Fujiki, M. Mori, M. Nakayasu, M. Terada, T. Sugimura, R.E. Moore, (1981) Indole alkaloids: dihydroteleocidin B, teleocidin, and lyngbyatoxin A as members of a new class of tumor promoters, Proc. Natl. Acad. Sci. U.S.A. Vol. 78 , No. 3872-3876.

5. Tasdemir, Deniz; Bugni, Timothy S.; Mangalindan, Gina C.; Concepcion, Gisela P.; Harper, Mary Kay; Ireland, Chris M. (2002). Derivados citotóxicos de bromoindole e terpenos da esponja marinha filipina Smenospongia sp. Zeitschrift fur Naturforschung C, Vol. 57, No. 9-10, 914-922.

6. Kobayashi, Jun'ichi; Tsuda, Masashi; Nemoto, Akira; Tanaka, Yasushi; Yazawa, Katsukiyo; Mikami, Yuzuru (1997). Brasilidina A, um novo alcaloide indol contendo isonitrila citotóxica do Actinomiceto Nocardia brasiliensis. *Journal of Natural Products*, Vol. 60, No. 7, 719-720.

7. Kohmoto, Shigeo; Kashman, Yoel; McConnell, Oliver J.; Rinehart, Kenneth L.; Wright, Amy; Koehn, Frank (1988). Dragmacidin, um novo alcaloide bis(indol) citotóxico de uma esponja marinha de águas profundas, Dragmacidon sp. The *Journal of Organic Chemistry*, Vol. 53, No. 13, 3116-3118.

8. Endo, Taeko; Tsuda, Masashi; Fromont, Jane; Kobayashi, Jun'ichi (2007). Hyrtinadine A, um alcaloide bis-indole de uma esponja marinha . *Journal of Natural Products*, Vol.70, No. 3, 423-424.

9. Van Maarseveen, Jan H.; Hermkens, Pedro H. H.; De Clercq, Erik; Balzarini, Jan; Scheeren, Hans W.; Kruse, Chris G. (1992). Estudos de relação estrutura-atividade antiviral e antitumoral em eudistominas tetracíclicas. *Journal of medicinal chemistry*, Vol. 35, No. 17, 3223-3230.

10. McTigue, M.; Murray, B. W.; Chen, J. H.; Deng, Y.-L.; Solowiej, J.; Kania, R. S. (2012). Conformações moleculares, interações e propriedades associadas à eficiência do medicamento e ao desempenho clínico entre os inibidores de VEGFR TK. Proceedings of the National Academy of Sciences, Vol. 109, No. 45, 1828118289.

11. Xuehua Zheng; Liping Zhang; Jing Zhai; Yunyun Chen; Haibin Luo; Xiaopeng Hu (2012). A base molecular para a inibição do sulindac e seus metabólitos em relação à aldose redutase humana. *FEBS letters*, Vol. 586, No. 1, 55-59.

12. Greig, Sarah L. (2016). Osimertinib: *Primeira Aprovação Global. Drugs*, Vol. 76, No. 2, 263-273.

13. Peter Atadja (2009). Desenvolvimento do inibidor pan-DAC panobinostat (LBH589): sucessos e desafios. *Cancer Letters*, Vol. 280, No. 2, 233-41.

14. Younes, A.; Sureda, A.; Ben-Yehuda, D.; Zinzani, P. L.; Ong, T.-C.; Prince, H. M.; Harrison, S. J.; Kirschbaum, M.; Johnston, P.; Gallagher, J.; Le Corre, C.; Shen, A.; Engert, A. (2012). Panobinostat em pacientes com linfoma de Hodgkin recidivante / refratário após transplante autólogo de células-tronco: Resultados de um estudo de fase II. *Jornal de Oncologia Clínica*, Vol. 30, No. 18, 2197-2203.

15. Larionov, Alexey A; Miller, William R (2009). Challenges in defining predictive markers for response to endocrine therapy in breast cancer (Desafios na definição de marcadores preditivos de resposta à terapêutica endócrina no cancro da mama). *Future Oncology*, Vol. 5, No. 9, 1415-1428.

16. McKeage, Kate (2015). Alectinib: Uma revisão da sua utilização no cancro do pulmão de células não pequenas com rearranjo ALK avançado. Drugs, Vol.75, No. 1, 75-82.

17. Foote, Kevin M.; Blades, Kevin; Cronin, Anna; Fillery, Shaun; Guichard, Sylvie S.; Hassall,

Lorraine; Hickson, Ian; Jacq, Xavier; Jewsbury, Philip J.; McGuire, Thomas M.; Nissink, J. Willem M.; Odedra, Rajesh; Page, Ken; Perkins, Paula; Suleman, Abid; Tam, Kin; Thommes, Pia; Broadhurst, Rebecca; Wood, Christine (2013). Descoberta de 4-{4-[(3R)-3-Metilmorfolina-4-il]-6-[1-(metilsulfonil)ciclopropil]pirimidina-2-il}-1H-indole (AZ20): Um inibidor potente e seletivo da proteína quinase ATR com atividade antitumoral em monoterapia in vivo. *Journal of Medicinal Chemistry*, Vol. 56, No. 5, 2125-2138.

18. Leigh Ellis, Michael Bots, Ralph K. Lindemann, Jessica E. Bolden, Andrea Newbold, Leonie A. Cluse, Clare L. Scott, Andreas Strasser, Peter Atadja, Scott W. Lowe, Ricky W. Johnstone; Os inibidores da histona desacetilase LAQ824 e LBH589 não requerem a sinalização do recetor de morte ou um apoptossoma funcional para mediar a morte de células tumorais ou a eficácia terapêutica. *Blood* 2009; Vol. 114, No. 2: 380-393.

19. Armstrong, M.J.; Gaunt, P.; Aithal, G.P.; Parker, R.; Barton, D.; Hull, D.; Guo, K.; Abouda, G.; Aldersley, M.; Gough, S.C.; Tomlinson, J.W.; Brown, R.M.; Hubscher, S.G.; Newsome, P.N. (2015). G01: O liraglutido é eficaz na depuração histológica da esteatohepatite não alcoólica num ensaio multicêntrico, duplamente cego, aleatorizado e controlado por placebo de fase II. *Jornal de Hepatologia*, Vol. 62, No. S187-S212.

20. Novello, Silvia; Scagliotti, Giorgio V.; Sydorenko, Oleksandr; Vynnychenko, Ihor; Volovat, Constantin; Schneider, Claus-Peter; Blackhall, Fiona; McCoy, Sheryl; Hei, Yong-jiang; Spigel, David R. (2014). Motesanib Plus Carboplatina / Paclitaxel em pacientes com câncer de pulmão avançado de células não pequenas escamosas. *Jornal de Oncologia Torácica*, Vol. 9, No. 8, 115^-1161.

21. Schlumberger, M. J.; Elisei, R.; Bastholt, L.; Wirth, L. J.; Martins, R. G.; Locati, L. D.; Jarzab, B.; Pacini, F.; Daumerie, C.; Droz, J.-P.; Eschenberg, M. J.; Sun, Y.-N.; Juan, T.; Stepan, D. E.; Sherman, S. I. (2009). Estudo de Fase II de Segurança e Eficácia do Motesanib em Pacientes com Cancro Medular da Tiroide Progressivo ou Sintomático, Avançado ou Metastático. *Journal of Clinical Oncology*, Vol. 27, No. 23, 3794-3801.

22. Sameer A. Parikh; Hagop Kantarjian; Aaron Schimmer; William Walsh; Ekatherine Asatiani; Khaled El-Shami; Elliott Winton; Srdan Verstovsek (2010). Estudo de Fase II do Mesilato de Obatoclax (GX15-070), um Antagonista da Família BCL-2 de Molécula Pequena, para Pacientes com Mielofibrose. Vol. 10, No. 4, 285-289.

23. Susan M. O'Brien, David F. Claxton, Michael Crump, Stefan Faderl, Thomas Kipps, Michael J. Keating, Jean Viallet, Bruce D. Cheson; Estudo de fase I do mesilato de obatoclax (GX15-070), um antagonista da família pan-Bcl-2 de molécula pequena, em doentes com leucemia linfocítica crónica avançada. *Sangue* 2009; Vol. 113, No. 2, 299-305.

24. Schimmer, A. D.; O'Brien, S.; Kantarjian, H.; Brandwein, J.; Cheson, B. D.; Minden, M. D.; Yee, K.; Ravandi, F.; Giles, F.; Schuh, A.; Gupta, V.; Andreeff, M.; Koller, C.; Chang, H.; Kamel-Reid, S.; Berger, M.; Viallet, J.; Borthakur, G. (2008). Um estudo de fase I do inibidor da família Pan Bcl-2 Obatoclax Mesylate em pacientes com neoplasias hematológicas avançadas. *Investigação Clínica do Cancro,* Vol. 14, No. 24, 8295-8301

25. Kerstin Noelle Vokinger, Thomas J Hwang, Ariadna Tibau Martorell, Thomas J Rosemann e Aaron S Kesselheim, *Journal of Clinical Oncology* 2019 37:15_suppl, 6638-6638

26. Robertson, M. J.; Kahl, B. S.; Vose, J. M.; de Vos, S.; Laughlin, M.; Flynn, P. J.; Rowland, K.; Cruz, J. C.; Goldberg, S. L.; Musib, L.; Darstein, C.; Enas, N.; Kutok, J. L.; Aster, J. C.; Neuberg, D.; Savage, K. J.; LaCasce, A.; Thornton, D.; Slapak, C. A.; Shipp, M. A. (2007). Estudo de Fase II da Enzastaurina, um Inibidor da Proteína Quinase C Beta, em Pacientes com Linfoma Difuso de Grandes Células B Recidivado ou Refratário. *Journal of Clinical Oncology*, Vol. 25, No. 13, 1741-1746.

27. Cortelazzo, S.; Tarella, C.; Gianni, A. M.; Ladetto, M.; Barbui, A. M.; Rossi, A.; Gritti, G.; Corradini, P.; Di Nicola, M.; Patti, C.; Mule, A.; Zanni, M.; Zoli, V.; Billio, A.; Piccin, A.; Negri, G.; Castellino, C.; Di Raimondo, F.; Ferreri, A. J. M.; Benedetti, F.; La Nasa, G.; Gini, G.; Trentin, L.; Frezzato, M.; Flenghi, L.; Falorio, S.; Chilosi, M.; Bruna, R.; Tabanelli, V.; Pileri, S.; Masciulli, A.; Delaini, F.; Boschini, C.; Rambaldi, A. (2016). Ensaio randomizado comparando R- CHOP versus

quimioterapia sequencial de alta dose em pacientes de alto risco com linfomas difusos de grandes células B. *Jornal de Oncologia Clínica*, Vol. 34:33, No. 4015-4022.

28. Naylor, T. L.; Tang, H.; Ratsch, B. A.; Enns, A.; Loo, A.; Chen, L.; Lenz, P.; Waters, N. J.; Schuler, W.; Dorken, B.; Yao, Y.-m.; Warmuth, M.; Lenz, G.; Stegmeier, F. (2011). Inibidor da Proteína Quinase C Sotrastaurina Inibe Seletivamente o Crescimento de Linfomas Difusos de Grandes Células B Mutantes CD79. *Cancer Research*, Vol. 71, No. 7, 2643-2653.

29. A. Siedlecki; W. Irish; D. C. Brennan (2011). Função retardada do enxerto no transplante de rim. Vol. 11, No. 11, 2279-2296.

30. Ihnen, M.; zu Eulenburg, C.; Kolarova, T.; Qi, J. W.; Manivong, K.; Chalukya, M.; Dering, J.; Anderson, L.; Ginther, C.; Meuter, A.; Winterhoff, B.; Jones, S.; Velculescu, V. E.; Venkatesan, N.; Rong, H.-.M.; Dandekar, S.; Udar, N.; Janicke, F.; Los, G.; Slamon, D. J.; Konecny, G. E. (2013). Potencial terapêutico do inibidor da polimerase poli (ADP-ribose) Rucaparib para o tratamento do cancro do ovário humano esporádico. *Molecular Cancer Therapeutics*, Vol. 12, No. 6, 1002-1015.

31. Kwiatkowski, Nicholas; Zhang, Tinghu; Rahl, Peter B.; Abraham, Brian J.; Reddy, Jessica; Ficarro, Scott B.; Dastur, Anahita; Amzallag, Arnaud; Ramaswamy, Sridhar; Tesar, Bethany; Jenkins, Catherine E.; Hannett, Nancy M.; McMillin, Douglas; Sanda, Takaomi; Sim, Taebo; Kim, Nam Doo; Olhe, Thomas; Mitsiades, Constantine S.; Weng, Andrew P.; Brown, Jennifer R.; Benes, Cyril H.; Marto, Jarrod A.; Young, Richard A.; Gray, Nathanael S. (2014). Visando a regulação da transcrição no câncer com um inibidor covalente de CDK7. *Natureza,* Vol. 511, No. 7511, 616-620).

32. Kanamaru, T.; Nakano, Y.; Toyoda, Y.; Miyagawa, K.-I.; Tada, M.; Kaisho, T.; Nakao, M. (2001). Actividades antibacterianas in vitro e in vivo do TAK-083, um agente para o tratamento da infeção por Helicobacter pylori. *Antimicrobial Agents and Chemotherapy*, Vol. 45, No. 9, 2455-2459.

33. Hurdle, J. G. (2004). Atividade anti-estafilocócica da indolmicina, um potencial agente tópico para o controlo de infecções estafilocócicas. *Journal of Antimicrobial Chemotherapy*, Vol.54, No. 2, 54^-552.

34. Hu, Jin-Feng; Schetz, John A.; Kelly, Michelle; Peng, Jiang-Nan; Ang, Kenny K. H.; Flotow, Horst; Leong, Chung Yan; Ng, Siew Bee; Buss, Antony D.; Wilkins, Scott P.; Hamann, Mark T. (2002). Novos compostos naturais e semissintéticos anti-infecciosos e de ligação ao recetor humano 5-HT2 da esponja jamaicana. *Journal of Natural Products*, Vol. 65, No. 4, 47^-480.

35. Coatti, Giuliana Castello; Marcarini, Juliana Cristina; Sartori, Daniele; Fidelis, Queli Cristina; Ferreira, Dalva Trevisan; Mantovani, Mario Sěrgio (2016). Citotoxicidade, genotoxicidade e mecanismo de ação (via análise de expressão gênica) do alcaloide indol aspidospermina (antiparasitário) extraído de células HepG2 deAspidosperma polyneuronin. *Cytotechnology*, 68, No. 4, 1161-1170.

36. Paulo, Alexandra; Gomes, Elsa T.; Houghton, Peter J. (1995). Novos alcalóides de Cryptolepis sanguinolenta. *Jornal de Produtos Naturais*, Vol. 58, No. 10, 1485-1491.

37. Grellier, P., Ramiaramanana, L., Millerioux, V., Deharo, E., Schrevel, J., Frappier, F., Trigalo, F., Bodo, B. e Pousset, J.-L. (1996), Antimalarial Activity of Cryptolepine and Isocryptolepine, Alkaloids Isolated from Cryptolepis sanguinolenta. *Phytother. Res.*, Vol. 10, No. 317-321.

38. Gemma O'Donnell; Simon Gibbons (2007). Antibacterial activity of two canthin-6-one alkaloids from Allium neapolitanum, Vol. 21, No. 7, 653-657.

39. Desai, N.C., Somani, H., Trivedi, A., Bhatt, K., Nawale, L., Khedkar, V.M., Jha, P.C., Sarkar, D., Síntese, avaliação biológica e estudo de acoplamento molecular de alguns novos derivados de 1,3,4-oxadiazóis à base de indol e piridina como potenciais agentes antituberculosos, Bioorganic & Medicinal Chemistry Letters (2016), doi: http://dx.doi.org/10.1016/j.bmcl.2016.02.043.

40. Raed A. Al-Qawasmeh; Mario Huesca; Venkata Nedunuri; Robert Peralta; Jim Wright; Yoon Lee; Aiping Young (2010). Potente atividade antimicrobiana de derivados de 3- (4,5-diaril-1H-imidazol-2-il)-1H-indole contra Staphylococcus aureus resistente à meticilina. , *Bioorganic & Medicinal Chemistry Letters* Vol. 20, No. 12, 3518-3520.

41. Palwinder Singh; Puja Verma; Bhawna Yadav; Sneha S. Komath (2011). Síntese e avaliação de

novos andaimes à base de indol para actividades antimicrobianas - Identificação de candidatos promissores. *Bioorganic & Medicinal Chemistry Letters*, Vol. 21, No. 11, 3367-3372.

42. Naidu, Kalaga Mahalakshmi; Srinivasarao, Singireddi; Agnieszka, Napiorkowska; Ewa, Augustynowicz-Kopec; Kumar, Muthyala Murali Krishna; Sekhar, Kondapalli Venkata Gowri Chandra (2016). Procurando agentes anti-tuberculosos potentes: Projeto, síntese, atividade anti-tuberculosa e estudo de acoplamento de vários derivados de ((triazóis / indol) -piperazin-1-il / 1,4-diazepan-1- yl) benzo [d] isoxazol. *Bioorganic & Medicinal Chemistry Letters*, Vol. 26, No. 9, 2245-2250.

43. Haider Behbehani; Hamada Mohamed Ibrahim; Saad Makhseed; Huda Mahmoud (2011). Aplicações de 2-aril-hidrazononitrilas em síntese: Preparação de novos derivados de 1,2,3-triazol, pirazol e pirazolo[1,5- a]pirimidina contendo indol e avaliação das suas actividades antimicrobianas. *European Journal of Medicinal Chemistry*, Vol. 46, No. 5, 1813-1820.

44. Ezhumalai Yamuna; R. Ajay Kumar; Matthias Zeller; Karnam Jayarampillai Rajendra Prasad (2012). Síntese, antimicrobiana, antimicobacteriana e relação estrutura-atividade de pirazolo substituído, isoxazolo, pirimido e mercaptopirimidociclohepta [b] indoles, *European Journal of Medicinal Chemistry*, Vol.47, No. 228-238.

CAPÍTULO III

Estudos de atividade anticancerígena

3.1: Introdução

Os compostos heterocíclicos com 1,2,3-triazol e isoxazol têm recebido maior atração devido às suas notáveis propriedades físicas e biológicas, bem como à sua admirável estabilidade, o que os torna estruturas nucleares capazes de serem utilizadas em medicamentos [1]. Na última década, muitos 1,2,3-triazóis e seus derivados demonstraram ter uma vasta gama de actividades biológicas, incluindo anti-microbiana [2], anti-biótica [3], anti-inflamatória [4], anti-cancerígena [5], anti-bacteriana [6], anti-viral [7] e anti-parasitária [8]. Para além disso, os 1,2,3-triazóis fundidos têm também uma importância previsível na química orgânica e medicinal. Os compostos que contêm derivados de 1,2,3-triazóis fundidos são cada vez mais comuns em alvos farmacêuticos e substâncias biologicamente activas. Tais actividades incluem, entre outras, actividades antivirais, inibidoras da peptidase [contra a metionina amino peptidase humana tipo 2 (hMetAP2)], actividades anti-fotoenvelhecimento, bem como diversas propriedades cardiovasculares benéficas [9-11]. **3.2: Breve relatório sobre as aplicações biológicas do arcabouço 1,2,3-triazol**

Piotrowska *et.al,* [12] demonstraram a atividade antiviral de um novo derivado nucleótido de isoxazolidina com um ligante 1,2,3-triazol. Os compostos sintetizados foram avaliados quanto à sua atividade *in vitro* contra uma variedade de vírus de ADN e ARN. O composto dietil {5-[4-[4-(2,4-difluorofenil)-1H-1,2,3-triazol-1-il]-2-metilisoxazolidin-3-il}fosfonato exibiu atividade citostática numa gama micro molar mais elevada.

(1)

(2) (3)

Alguns novos 1,2,3-trizoles baseados em benzoxazolinona foram sintetizados usando a abordagem de química de clique e rastreados para atividade anti-inflamatória in *vitro* e *in vivo* por Haider *et.al,* 2013 [13]. Os resultados indicaram que o composto 3-{[1-(4-(fluorofenil)-1H-1,2,3-triazol-4-il]metil}-6-metilbenzo[d]oxazol-2(3H)-ona (2) exibiu uma potente atividade anti-inflamatória e o composto 3-{[1-(4-bromofenil)- 1H-1,2,3-triazol-4-il]metil}-5-metilbenzo[d]oxazol-2(3H)-ona (3) apresentou uma atividade inibidora significativa do TNF-a comparável à do medicamento padrão indometacina.

Uma nova série de derivados de 1,2,3-triazol à base de tiazolidina-2,4-diona foi sintetizada por Chinthala *et.al,* [14] Os compostos sintetizados exibiram uma potente atividade anticancerígena contra as linhas celulares de cancro humano IMR-32, Hep-G2 e MCF-7. The compounds(Z)-5-(benzo[d][1,3]dioxol-5-ylmethylene)-3-[(1-(2-methoxy-4-metilfenil)-1H-1,2,3-triazol-4-il)metil]tiazolidina-2,4-diona (4), (Z)-5-

(benzo[d][1,3]dioxol-5-ylmethylene)-3-[(1-phenethyl-1H-1,2,3-triazol-4-   yl)methyl]thiazolidine-2,4-dione (5) and   (Z)-5-(benzo[d][1,3]dioxol-5-ilmetileno)-   3-[(1-octil-1H-1,2,3-triazol-4-il)metil]tiazolidina-2,4-diona (6) mostraram uma boa atividade anticancerígena com valores de IC_{50} que variam de 30.00 a 77,58 (pg/mL).

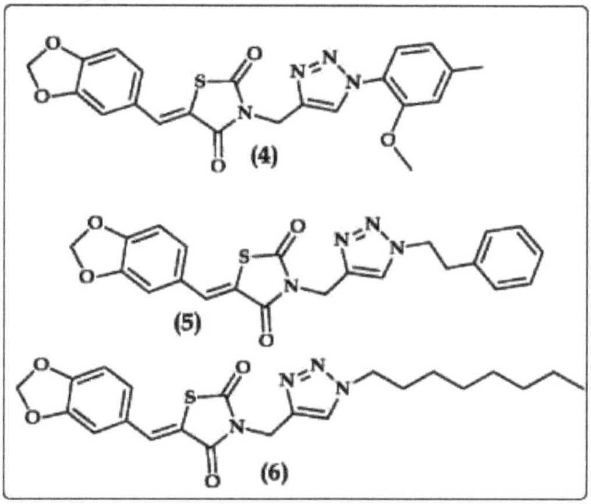

Shafi *et.al,* [15] sintetizaram um novo 2-mercapto benzotiazol ligado a 1,2,3- triazóis e testaram a sua atividade anti-inflamatória utilizando ensaios bioquímicos da atividade da ciclo-oxigenase (COX). The compounds 2-{[(1-(4-fluorophenyl)-1H- 1,2,3-triazol-4-yl)methyl]thio}benzo[d]thiazole(7), 2-{[(1-(2-chlorophenyl)-1H-
1,2,3-triazol-4-il]metil)tio}benzo[d]tiazol   (8),   2-({[1-(4-bromofenil)-1H-   1,2,3-triazol-4-il]metil}tio)benzo[d]tiazol (9) e 2-({[1-(4-nitrofenil)-1H- 1,2,3-triazol-4-il]metil}tio)benzo[d]tiazol (10) apresentaram actividades significativas muito semelhantes às do medicamento padrão Ibuprofeno. Petrova *et.al,* [16] sintetizaram um grande número de 1,2,3-triazóis ligados à sacarose

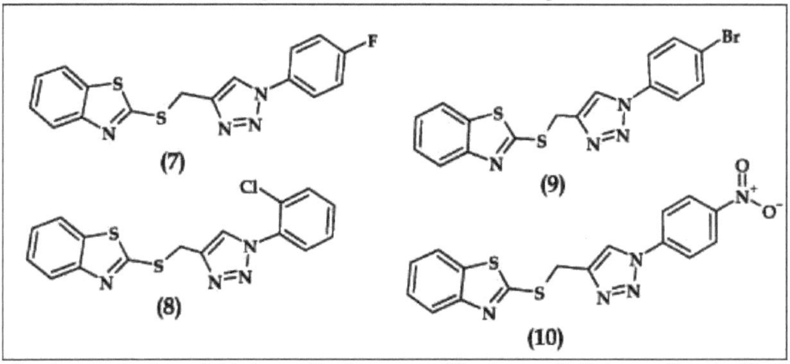

e analisadas quanto às actividades antibacteriana, antifúngica e citotóxica, a fim de identificar compostos líderes para a farmacologia. De acordo com os resultados experimentais, o composto (11) exibiu uma boa atividade antibacteriana, enquanto o composto (12) exibiu uma atividade antifúngica.

He *et.al,* [17] relataram alguns novos derivados do ácido rupestónico contendo 1,2,3-triazol e examinaram-nos quanto à sua atividade antiviral contra o vírus da gripe. O composto [1-(2-fluorofenil)-1H-1,2,3-triazol-4-il]acrilato de metilo 2-[(8aS)-3,8- dimetil-2-oxodecahidroazulen-5-il](13) e N-{[1-(2-clorofenil)-1H- 1,2,3-triazol-4-il]metil}-2-[(8aS)-3,8-dimetil-2-oxodecahidroazulen-5-il]acrilamida (14) apresentaram uma IC50 de 2.26 e 1,17 (g/ml) contra o vírus anti-influenza B.

Assis *et al. preparou* uma série de ftalimidas à base de 1,2,3-triazol através da reação de clique de N-(azido-alquil) ftalimidas com alcinos terminais [18] e analisou a sua atividade anti-inflamatória. A maioria dos compostos exibiu uma boa atividade anti-inflamatória, os compostos {(2S,3R,6S)-3-acetoxi-6-({4-[(1,3- dioxoisoindolin-2-il)metil]-1H-1,2,3-triazol-1-il}metoxi)-3,6-dihidro-2H-piran- 2-il}acetato de metilo **(15)** e **16** foram os que apresentaram a melhor atividade, tendo demonstrado ser capazes de diminuir em 69% e 56.2% o edema induzido por carragenina em ratinhos.

3.3: Um breve relatório sobre as aplicações biológicas da estrutura do isoxazol

Eccles *et.al,* [19] demonstraram a capacidade da 5-(2,4-dihidroxi-5-isopropilfenil)-N-etil-4-(4-(morfolinometil)fenil)isoxazole-3-carboxamida (**17**) para exibir a atividade anticancerígena através da indução da paragem G1-G2 e da apoptose. Além disso, foi mais ativa em relação a uma vasta gama de linhagens tumorais, especialmente o cancro da mama [20].

Sharp *et.al,* [21] relataram um inibidor da proteína 90 de choque térmico da chaperona molecular, nomeadamente a 5-(5-cloro-2,4-dihidroxifenil)-N-etil-4-(4- metoxifenil)isoxazole-3-carboxamida (**18**), que apresentou uma boa potência antiproliferativa celular média para linhas celulares de cancro humano com GI50; 78 ± 15
nmol/L.

Os dois compostos, nomeadamente 1-benzil-4-(4,9-dioxo-3a,4,9,9a-tetrahidro
naphtho[2,3-d]isoxazol-3-yl)pyridin-1-ium(19)and 3-[4-(2-
morfolinoetoxi)fenil]isoxazolo[5,4-g]isoquinolina-4,9(3aH,9aH)-diona   (**20**)
foram sintetizados e explicaram a sua afinidade de ligação à Hsp90 por Bargiotti *et.al,* [22]. Também explicaram a atividade antiproliferativa contra o cancro do pulmão de células não pequenas NCI-H460, o carcinoma de células escamosas A431 e o mesotelioma peritoneal STO.

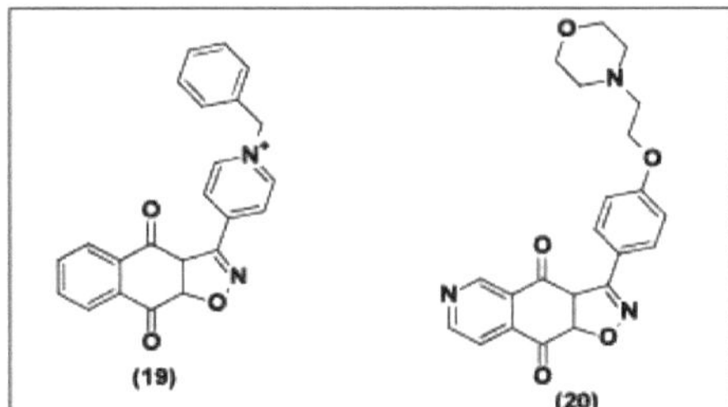

Shin *et.al,* [23] relataram a atividade anticancerígena de dois compostos: 2-(4-(4-bromofenil) isoxazol-5-il)-4-etil-5-metoxifenol (**21**) e 4-etil-5-metoxi-2-(4-(4- metoxifenil)isoxazol-5-il)fenol (**22**), em que **21** mostrou o seu efeito no MDA- MB-231 com IC50= 50 nanomolar e **22** com IC50= 0,15 micromolar.

O inibidor da polimerização da tubulina, nomeadamente o 2-metoxi-5-[5-(3,4,5-trimetoxifenil)isoxazol-4-il]fenol (23), foi relatado por Kaffy *et.al,* [24], onde exibiu a atividade inibidora da polimerização da tubulina com IC50= 0,75 micromolar e é o dobro quando comparado com o fosfato de Combretastatina A-4 padrão (CA4), onde mostrou IC50= 1,2 micromolar. Também apresentou atividade anti-cancerígena contra as linhas celulares HT29 (IC50= 3 pM) e SVEC (IC50= 8,5 pM).

Um outro análogo do CA4 2-(3-(4-(2,6-dimetoxi-4-(3-(3,4,5-trimetoxifenil)isoxazol-5-il)fenoxi)butoxi)-4-metoxifenil)-2,3-dihidroquinazolin-4(1H)-ona (24) foi sintetizado por Kamal *et.al,* [25] e analisado quanto à atividade antiproliferativa, tendo demonstrado uma atividade promissora contra a linha celular de cancro do pulmão humano (A549) com GI50 de 0,18 micromolar.

Rajanarendar *et.al,* [26] relataram uma série de bis-isoxazolo[4,5-b]piridina-N-óxidos de arilmetileno como dadores de óxido nítrico e testaram a sua atividade anticancerígena contra três linhas de células cancerígenas humanas HeLa (cancro do colo do útero humano), EAC (carcinoma de ascite de Ehrlich) e MCF-7 (cancro da mama humano). Os compostos 7,7'-(fenilmetileno)bis(3-metil-6-fenilisoxazolo[4,5-b]piridina 4-óxido) (25) e 7,7'-(fenilmetileno)bis[6-(2-hidroxifenil)-3-metilisoxazolo[4,5-b]piridina 4-óxido] (26) apresentaram uma atividade muito boa em relação às três linhas celulares acima mencionadas.

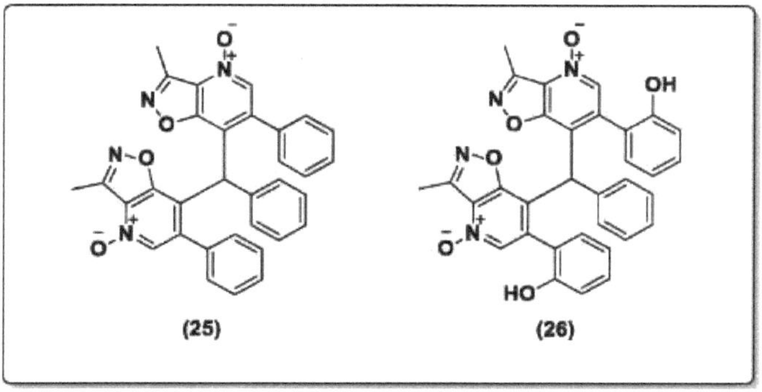

(25)   **(26)**

Poma *et.al,* [27] demonstraram a atividade anticancerígena de um derivado de isoxazol 4-[(E)-2-{5-[(E)-3-hidroxi-4-metoxiestiril)isoxazol-3-il]vinil}-2- metoxifenol] (27). O derivado exibiu uma boa atividade anticancerígena contra MCF-7 com IC50 13,1±1,6 |1M e contra MCF-7R com IC5ol2,O±2,O pM.

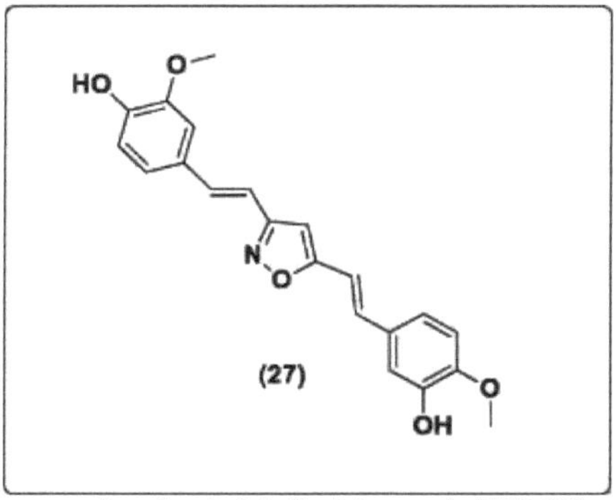

(27)

Kamal *et.al,* [28] sintetizaram conjugados de 3,5-diaril-isoxazole-PBD (28 e
29) e analisadas quanto à sua atividade anticancerígena, tendo o GI50 variado entre 0,1 e 0,18 p.M.

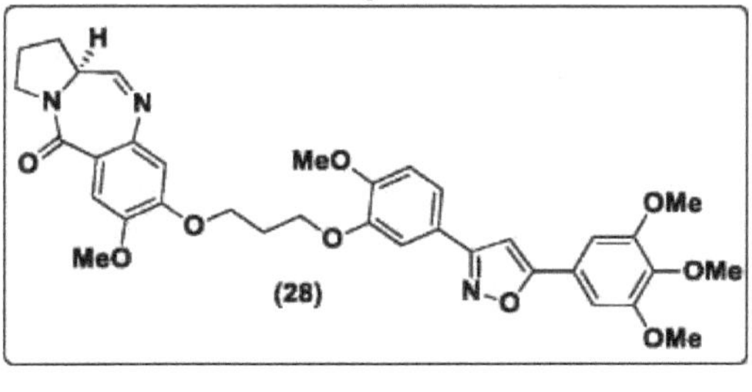

(28)

Rajanarendar *.et.al,* [29] sintetizaram alguns bis-isoxazóis e analisaram a sua atividade anticancerígena *in vitro*. Entre todos os derivados, os compostos 58 e 59 mostraram boas propriedades anticancerígenas contra as linhas celulares de cancro humano MCF-7 com IC50 igual a 12,45 e 10,20 pM, respetivamente, e MDA-MB-231 com valores IC50 10,32 e 18,25 pM, respetivamente. Também demonstraram atividade contra a linha celular epitelial de cancro renal humano HEK-293 com valores de IC50 30,23 e 0,26 pM, respectively.

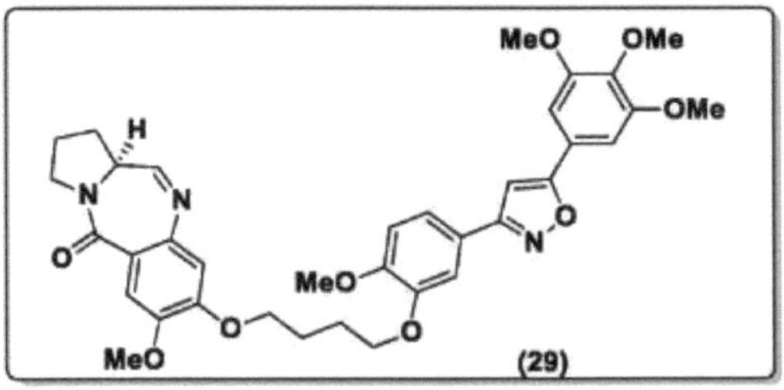

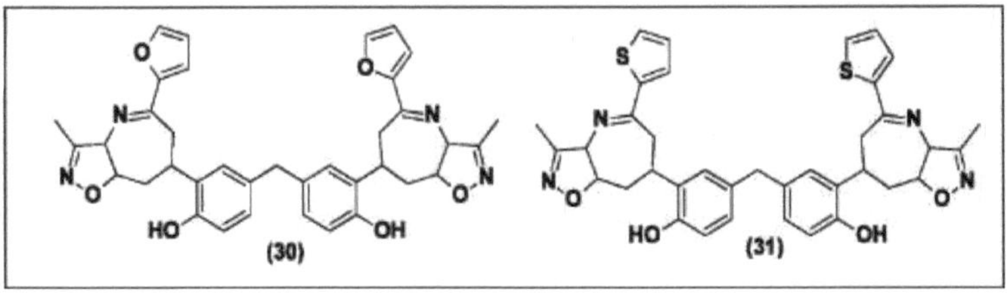

A série de novos diarilisoxazóis contendo indol sintetizada por Tohid *et.al*, [30] e analisada quanto à sua atividade anticancerígena contra a linha de células de cancro do pulmão (Calu-3) e a linha de células de cancro do cólon humano (Colo320), em que os compostos 5-(1H-indol-5-yl)-3-(4-methoxyphenyl)isoxazole (32)and 5-(1H-indol-5-yl)-3-(3,**4**,5-trimetoxifenil) isoxazol (**33**) demonstraram uma atividade anticancerígena notável.

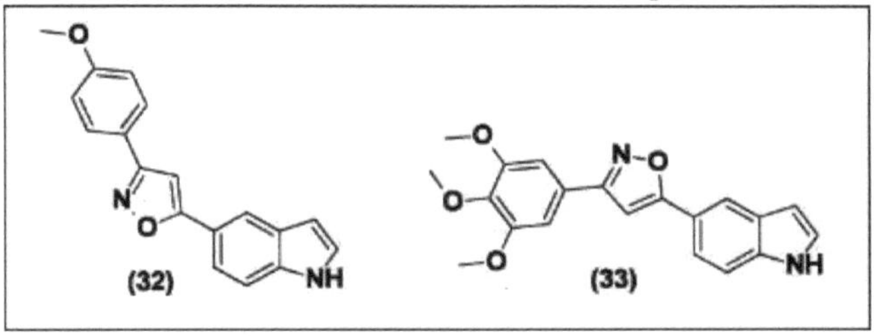

Trabalho atual

Todos os derivados de 1,2,3-triazol recentemente sintetizados (**Capítulo-II e Capítulo-IV**) e isoxazóis (**Capítulo-III**) foram avaliados quanto à sua atividade anticancerígena in vitro

3.4: Atividade anticancerígena *in vitro* dos derivados 1,2,3-triazólicos do Capítulo-II (42a- 42k)

Todos os compostos recentemente sintetizados no Capítulo-II (**42a-42k**) foram avaliados quanto à atividade citotóxica in vitro contra a linha celular de carcinoma cervical (HeLa) de acordo com o método do ensaio MTT. A doxorrubicina foi utilizada como fármaco de referência e os resultados são apresentados na **Tabela 3.1**. A tabela mostra claramente que a diversidade estrutural dos derivados foi conseguida através da variação dos substituintes na terceira posição do anel triazol. De acordo com os dados acumulados, a maioria dos compostos foram moderadamente activos, mas alguns compostos **42b, 42d, 42e** e **42g** demonstraram uma elevada inibição contra a linha celular HeLa (IC5o27.O9 p,M), (IC50 36.08 p,M), (IC50 6.76 pM), e (IC^o3.46 цM) respetivamente.

Tabela 3.1: Atividade citotóxica de novos derivados de 1,2,3-triazol marcados com 5-[(1H-Indol-3 yl)metileno]pirimidina-2,4,6(1H,3H,5H)triona (**42a-42k**) em linhas celulares de cancro humano (in vitro[a] (IC5^iM)) [a] Os valores são expressos como média±SEM

Produto	HeLa, ($1C_{50}$ µM)
42a	57.90
42b	27.09
42c	91.64
42d	36.08
42c	6.76
42f	49.81
42g	33.46
42h	54.56
42i	62.90
42j	66.21
42k	70.27
Doxorrubicina	4.179

3.5: Secção Experimental

Atividade anticancerígena

A viabilidade celular na presença das amostras de ensaio foi medida pelo ensaio de tetrazólio em microcultura MTT [205-208]. O método colorimétrico é utilizado quantitativamente para confirmar a viabilidade celular. A atividade metabólica das células viáveis será avaliada durante este método. O sal de tetrazólio amarelo pálido (MTT) pode reduzir as células metabolicamente activas a um formazan azul escuro insolúvel em água. O valor quantitativo é determinado por solubilização com o composto DMSO. A absorvância do formazan pode ser diretamente relacionada com o número de células viáveis. As linhas de células cancerosas MCF-7, HeLa, ACHN, SKO3 e A375 foram colocadas numa placa de 96 poços a uma densidade de $1x10^4$ células/poço. Antes de passar para o meio com baixo teor de soro, as células foram cultivadas durante a noite no meio completo e também foi utilizado o composto DMSO para controlar a reação. Os compostos de diferentes concentrações foram tratados cerca de 48 h e estas células foram incubadas na câmara de CO_2 durante 2 h com MTT (2,5 mg/mL). Após a remoção do meio, para dissolver os cristais de formazan, foram adicionados 100 µL de DMSO a cada poço. A densidade ótica das placas foi mostrada a 570 nm, o que está relacionado com a quantidade de células, e os resultados foram apresentados como percentagem de viabilidade. Todas as experiências foram efectuadas em triplicado. O valor IC_{50} foi calculado como um parâmetro de resposta e corresponde à concentração de 50% de inibição da viabilidade celular.

3.6: Conclusão

No **capítulo II**, um novo 1,2,3-triazol marcado com 5-[(1H-Indol-3 yl)methylene]pyrimidine-2,4,6(1H,3H,5H)trione derivatives (**42a-42k**) were evaluated for in vitro anticancer activity against the single human cancer cellline HeLa. Os compostos **42b, 42d, 42e e 42g** apresentaram uma atividade anticancerígena potente em comparação com a doxorrubicina padrão.

Referências

1. Brawn, Ryan A.; Welzel, Morgan; Lowe, Jason T.; Panek, James S. (2010). Regioselectiva Intramolecular Dipolar Cycloaddition of Azides and Unsymmetrical Alkynes. *Cartas Orgânicas*, Vol. 12, No. 2, 336-339.

2. Genin, Michael J.; Allwine, Debra A.; Anderson, David J.; Barbachyn, Michael R.; Emmert, D. Edward; Garmon, Stuart A.; Graber, David R.; Grega, Kevin C.; Hester, Jackson B.; Hutchinson, Douglas K.; Morris, Joel; Reischer, Robert J.; Ford, Charles W.; Zurenko, Gary E.; Hamel, Judith C.; Schaadt, Ronda D.; Stapert, Douglas; Yagi, Betty H. (2000). Substituent Effects on the Antibacterial Activity of Nitrogen-Carbon-Linked (Azolylphenyl)oxazolidinones with Expanded Activity Against the Fastidious Gram-Negative Organisms Haemophilus influenzae and Moraxella catarrhalis. *Journal of Medicinal Chemistry*, Vol. 43, No. 5, 953-970.

3. Jie Yang; Dirk Hoffmeister; Lesley Liu; Xun Fu; Jon S. Thorson (2004). Natural product glycorandomization, *Bioorganic & Medicinal Chemistry*, Vol. 12, No. 7, 1577-1584.

4. Yoshio Saito; Vanessa Escuret; David Durantel; Fabien Zoulim; Raymond F. Schinazi; Luigi A. Agrofoglio (2003). Síntese de análogos 1,2,3-triazolo-carbanucleosídeos da ribavirina visando um HCV em réplica, *Bioorganic & Medicinal Chemistry*, Vol.11, No. 17, 3633-3639.

5. Wan, Q., Chen, J., Chen, G., & Danishefsky, S. J. (2006). Um avanço potencialmente valioso na síntese de vacinas anticancerígenas à base de hidratos de carbono através da química de cicloadição alargada. *The Journal of organic chemistry*, Vol. 71, No. 21, 8244-8249.

6. Reck, F., Zhou, F., Girardot, M., Kern, G., Eyermann, C. J., Hales, N. J., ... & Gravestock, M. B. (2005). Identificação de 1, 2, 3-triazóis 4-substituídos como novos agentes antibacterianos de oxazolidinona com atividade reduzida contra a monoamina oxidase A, *Journal of medicinal chemistry*, Vol. 48, No. 2, 499506.

7. Puig-Basagoiti, F., Qing, M., Dong, H., Zhang, B., Zou, G., Yuan, Z., & Shi, P. Y. (2009). Identificação e caraterização de inibidores do vírus do Nilo Ocidental, *Antiviral research*, Vol. 83, No. 1, 71-79.

8. Maurya, S. K., Gollapalli, D. R., Kirubakaran, S., Zhang, M., Johnson, C. R., Benjamin, N. N. & Cuny, G. D. (2009). Inibidores de triazol da inosina 5'-monofosfato desidrogenase de Cryptosporidium parvum. *Jornal de química medicinal*, Vol. 52, No. 15, 4623-4630.

9. Tatsuta, K., Ikeda, Y., & Miura, S. (1996). Síntese e actividades inibidoras da glicosidase de análogos de triazóis de nagstatina. *The Journal of antibiotics*, Vol. 49, No. 8, 836-838.

10. Hsieh, H. Y., Lee, W. C., Senadi, G. C., Hu, W. P., Liang, J. J., Tsai, T. R., ... & Wang, J. J. (2013). Descoberta, metodologia sintética e avaliação biológica da atividade anti-fotoenvelhecimento de [1, 2, 3] triazóis bicíclicos: estudos in vitro e in vivo. *Journal of medicinal chemistry*, Vol. 56, No. 13, 54225435.

11. Snyder, P. J., Werth, J., Giordani, B., Caveney, A. F., Feltner, D., & Maruff, P. (2005). Um método para determinar a magnitude da mudança em diferentes funções cognitivas em ensaios clínicos: os efeitos da administração aguda de duas doses diferentes de alprazolam. *Human Psychopharmacology: Clinical and Experimental*, Vol. 20, No. 4, 263-273.

12. Piotrowska, D. G., Balzarini, J., & Glowacka, I. E. (2012). Projeto, síntese, avaliação antiviral e citostática de novos análogos de nucleotídeos de isoxazolidina com um ligante 1, 2, 3-triazol, *jornal europeu de química medicinal*, Vol. 47, No. 501-509.

13. Haider, S., Alam, M. S., Hamid, H., Shafi, S., Nargotra, A., Mahajan, P., & Panda, A. K. (2013). Síntese de novas benzoxazolinonas à base de 1, 2, 3-triazol: sua ancoragem molecular baseada em TNF-a com atividades antiinflamatórias, antinociceptivas in vivo e avaliação de risco ulcerogênico, *revista europeia de química medicinal*, Vol. 70, No. 579-588.

14. Chinthala, Y., Domatti, A. K., Sarfaraz, A., Singh, S. P., Arigari, N. K., Gupta, N., ... & Paramjit, G. (2013). Síntese, avaliação biológica e estudos de modelagem molecular de algumas novas tiazolidinedionas com anel triazol, *Revista Europeia de Química Medicinal*, Vol. 70, No. 308-314.

15. Shafi, S., Alam, M. M., Mulakayala, N., Mulakayala, C., Vanaja, G., Kalle, A. M., ... & Alam, M. S. (2012). Síntese de novos bis-heterociclos baseados em 2-mercapto benzotiazol e 1, 2, 3-triazol: suas atividades antiinflamatórias e anti-nociceptivas, *revista europeia de química medicinal*, Vol. 49, No. 324-333.

16. Petrova, K. T., Potewar, T. M., Correia-da-Silva, P., Barros, M. T., Calhelha, R. C., Ciric, A.,& Ferreira, I. C. (2015). Actividades antimicrobiana e citotóxica de derivados de 1, 2, 3-triazol-sacarose. *Carbohydrate research*, Vol. 417, No. 66-71.

17. He, Y. W., Dong, C. Z., Zhao, J. Y., Ma, L. L., Li, Y. H., & Aisa, H. A. (2014). 1, 2, 3-Triazole-contendo derivados de ácido rupestônico: síntese clickchemical e atividades antivirais contra vírus da gripe, *revista europeia de química medicinal*, Vol. 76, No. 245-255.

18. Assis, S. P., Araujo, T. G., Sena, V. L., Catanho, M. T. J., Ramos, M. N., Srivastava, R. M., & Lima, V. L. (2014). Síntese, atividades hipolipidêmica e antiinflamatória de arilftalimidas. *Pesquisa em Química Medicinal*, Vol. 23, No. 2, 708-716.

19. Eccles, S. A.; Massey, A.; Raynaud, F. I.; Sharp, S. Y.; Box, G.; Valenti, M.; Patterson, L.; de Haven Brandon, A.; Gowan, S.; Boxall, F.; Aherne, W.; Rowlands, M.; Hayes, A.; Martins, V.; Urban, F.; Boxall, K.; Prodromou, C.; Pearl, L.; James, K.; Matthews, T. P.; Cheung, K.-M.; Kalusa, A.; Jones, K.; McDonald, E.; Barril, X.; Brough, P. A.; Cansfield, J. E.; Dymock, B.; Drysdale, M. J.; Finch, H.; Howes, R.; Hubbard, R. E.; Surgenor, A.; Webb, P.; Wood, M.; Wright, L.; Workman, P. (2008). NVP-AUY922: A Novel Heat Shock Protein 90 Inhibitor Active against Xenograft Tumor Growth, Angiogenesis, and Metastasis. *Cancer Research*, Vol. 68, No. 8, 2850-2860).

20. Michael Rugaard Jensen, Joseph Schoepfer, Thomas Radimersk (2008). NVP-AUY922: uma pequena molécula inibidora de HSP90 com uma potente atividade antitumoral em modelos pré-clínicos de cancro da mama. *Investigação do Cancro da Mama*, Vol. 10, No. R33

21. Sharp, S. Y.; Prodromou, C.; Boxall, K.; Powers, M. V.; Holmes, J. L.; Box, G.; Matthews, T. P.; Cheung, K.-M. J.; Kalusa, A.; James, K.; Hayes, A.; Hardcastle, A.; Dymock, B.; Brough, P. A.; Barril, X.; Cansfield, J. E.; Wright, L.; Surgenor, A.; Foloppe, N.; Hubbard, R. E.; Aherne, W.; Pearl, L.; Jones, K.; McDonald, E.; Raynaud, F.; Eccles, S.; Drysdale, M.; Workman, P. (2007). Inibição da chaperona molecular da proteína de choque térmico 90 in vitro e in vivo por novos, sintéticos e potentes análogos de pirazol/isoxazol amida resorcinílicos. *Molecular Cancer Therapeutics*, Vol. 6, No. 4, 119^1211.

22. Alberto Bargiotti; Loana Musso; Sabrina Dallavalle; Lucio Merlini; Grazia Gallo; Andrea Ciacci; Giuseppe Giannini; Walter Cabri; Sergio Penco; Loredana Vesci; Massimo Castorina; Ferdinando Maria Milazzo; Maria Luisa Cervoni; Marcella Barbarino; Claudio Pisano; Chiara Giommarelli; Valentina Zuco; Michelandrea De Cesare; Franco Zunino (2012). Isoxazolo(aza)naftoquinonas: A new class of cytotoxic Hsp90 inhibitors, *European Journal of Medicinal Chemistry,* Jul; Vol. 53, No. 64-75.

23. Shin, K. D.; Lee, M.-Y.; Shin, D.-S.; Lee, S.; Son, K.-H.; Koh, S.; Paik, Y.-K.; Kwon, B.-M.; Han, D. C. (2005). Bloqueio da Migração e Invasão de Células Tumorais com o Derivado de Bifenil Isoxazol KRIBB3, uma Molécula Sintética que Inibe a Fosforilação de Hsp27. *Journal of Biological Chemistry*, Vol. 280, No. 50, 41439-41448.

24. Julia Kaffy; Renee Pontikis; Daniele Carrez; Alain Croisy; Claude Monneret; Jean-Claude Florent (2006). Derivados do tipo isoxazol relacionados com a combretastatina A-4, síntese e avaliação biológica, *Bioorganic & Medicinal Chemistry*, Vol. 14, No. 12, 4067-4077.

25. Ahmed Kamal; E. Vijaya Bharathi; J. Surendranadha Reddy; M. Janaki Ramaiah; D. Dastagiri; M. Kashi Reddy; A. Viswanath; T. Lakshminarayan Reddy; T. Basha Shaik; S.N.C.V.L. Pushpavalli; Manika Pal Bhadra (2011). Síntese e avaliação biológica de híbridos de 3,5-diaril isoxazolina / isoxazol ligados a 2,3-dihidroquinazolinona como agentes anticancerígenos, *European Journal of Medicinal Chemistry,* Vol. 46, No. 2, 691-703.

26. E. Rajanarendar; S. Raju; M. Nagi Reddy; S. Rama Krishna; L. Hari Kiran; A. Ram Narasimha Reddy; Y. Narasimha Reddy (2012). Síntese multicomponente e atividade anticâncer in vitro e in vivo

de novos bis-isoxazolo [4,5-b] piridina-N-óxidos de arilmetileno, *European Journal of Medicinal Chemistry,* Vol. 50, No. 274-279.

27. Poma, Paola; Notarbartolo, Monica; Labbozzetta, Manuela; Maurici, Annamaria; Carina, Valeria; Alaimo, Alessandra; Rizzi, Michele; Simoni,
Daniele; D'Alessandro, Natale (2007). As actividades antitumorais da curcumina e do seu análogo isoxazol não são afectadas por alterações múltiplas da expressão genética num modelo MDR da linha celular de cancro da mama MCF-7: Análise da possível base molecular. *Revista Internacional de Medicina Molecular,* Vol. 20, No. 329-335.

28. Ahmed Kamal; J. Surendranadha Reddy; M. Janaki Ramaiah; D. Dastagiri;
E. Vijaya Bharathi; M. Ameruddin Azhar; Farheen Sultana; S.N.C.V.L. Pushpavalli; Manika Pal-Bhadra; Aarti Juvekar; Subrata Sen; Surekha Zingde (2010). Conceção, síntese e avaliação biológica de conjugados de 3,5-diaril-isoxazolina/isoxazol-pirrolobenzodiazepina como potenciais agentes anticancerígenos, *European Journal of Medicinal Chemistry,* Vol. 45, No. 9, 392^3937.

29. E. Rajanarendar; M. Nagi Reddy; S. Rama Krishna; K. Govardhan Reddy; Y.N. Reddy; M.V. Rajam (2012). Projeto, síntese, atividade antimicrobiana e anticâncer in vitro de novos derivados de metilenobis-isoxazolo [4,5-b] azepinas, *European Journal of Medicinal Chemistry,* Vol. 50, No. 344349.

30. Md Tohid, Siti Farah; Ziedan, Noha I.; Stefanelli, Fabio; Fogli, Stefano; Westwell, Andrew D. (2012). Síntese e avaliação de 3,5-diarisoxazoles contendo indol como potenciais agentes antitumorais pró-apoptóticos, *European Journal of Medicinal Chemistry,* Vol. 56, No. 263-270.

CAPÍTULO IV

Estudos de Docagem Molecular

4.1: Introdução

Os estudos de docking molecular são um importante método Insilco mais utilizado na conceção de fármacos com base na estrutura, devido à sua capacidade de prever a conformação de ligação de ligandos de pequenas moléculas ao local de ligação alvo adequado, as proteínas. A caraterização das interacções de ligação e dos resíduos envolvidos na ligação desempenha um papel essencial na conceção racional de fármacos, bem como na determinação de processos bioquímicos fundamentais. Desde as últimas duas décadas, foram desenvolvidos muitos métodos bem sucedidos para a ligação de ligandos a alvos macromoleculares [1-8].

Os estudos de docagem molecular dependem geralmente de dois métodos: (i) um campo de forças para avaliar a energia livre de ligação do complexo, geralmente estimada com base numa conformação específica ligada, e (ii) um método de pesquisa para descobrir o espaço conformacional acessível ao ligando e ao alvo.

O método de modelação molecular inclui todos os métodos teóricos e técnicas computacionais utilizados para prever a natureza das moléculas. As técnicas são aplicadas em muitos domínios que incluem a biologia computacional, a conceção de medicamentos, a química computacional e a ciência dos materiais para estudar sistemas moleculares, desde pequenos sistemas químicos a grandes moléculas biológicas e conjuntos de materiais. O cálculo mais simples pode ser efectuado manualmente; no entanto, são definitivamente necessários computadores para implementar a modelação molecular de qualquer sistema de dimensão razoável. A caraterística mais comum das técnicas de modelação molecular é a representação a nível atomístico dos sistemas moleculares. Isto pode ser feito tratando os átomos como a unidade individual mais pequena (a abordagem da mecânica molecular) ou modelando inequivocamente os electrões de cada átomo (a abordagem da química quântica).

Nas abordagens de modelação molecular, a acoplagem molecular é um método importante que determina a orientação desejada de uma molécula para uma segunda, quando ligadas uma à outra, para a formação de um complexo estável [9]. A informação sobre a orientação escolhida pode ser útil para prever a força de associação ou a afinidade de ligação entre duas moléculas.

As associações entre moléculas biologicamente relacionadas, como as proteínas, os ácidos nucleicos, os hidratos de carbono e os lípidos, desempenham um papel importante na transdução de sinais.

Além disso, a orientação relativa dos dois parceiros cooperantes pode afetar o tipo de sinal formado (por exemplo, agonismo ou antagonismo). Assim, o acoplamento molecular é útil para a previsão da força e do tipo de sinal produzido.

A docagem molecular é frequentemente utilizada para prever a orientação da ligação de pequenas moléculas candidatas a fármacos (ligandos) aos seus alvos proteicos, a fim de, por sua vez, prever a afinidade e a atividade da pequena molécula. Assim, a docagem desempenha um papel significativo na conceção racional de medicamentos. Dada a importância biológica e farmacêutica da docagem molecular, foram envidados esforços consideráveis para melhorar os métodos utilizados para prever a docagem [10].

O acoplamento molecular pode ser considerado como um problema de chave e fechadura, quando se está interessado em encontrar a orientação relativa correcta da chave que abrirá a fechadura (em que ponto da superfície da fechadura se encontra o buraco da fechadura, em que direção rodar a chave depois de inserida, etc.). Neste caso, a proteína pode ser considerada como a fechadura e o ligando pode ser considerado como a chave.

A docagem molecular pode ser definida como um problema de otimização, a partir do qual é possível descrever a orientação mais adequada de um ligando que se liga a uma determinada proteína de interesse. No entanto, uma vez que tanto o ligando como a proteína são flexíveis, é mais adequada uma correlação de mão e luva do que de mão e chave [11]. No decurso do processo, o ligando e a proteína ajustam a sua conformação para obter um melhor ajuste global e este tipo de ajustes conformacionais que resultam na ligação global é referido como ajuste induzido [12]. O objetivo da docagem molecular é simular computacionalmente o processo de reconhecimento molecular. O objetivo da acoplagem molecular é obter uma conformação optimizada tanto para a proteína como para o ligando e uma orientação relativa entre a proteína e o ligando que minimize a energia livre do sistema global.

4.2: Identificação do sítio ativo:

A identificação do local ativo é o primeiro passo deste programa. Analisa a proteína para encontrar a bolsa de ligação, deriva os principais locais de interação dentro da bolsa de ligação e, em seguida, prepara os dados necessários para a ligação do fragmento do ligando. As entradas básicas para esta etapa são as estruturas 3D da proteína e um ligando pré-acoplado em formato PDB, bem como as suas propriedades atómicas. Os átomos do ligando e da proteína têm de ser classificados e as suas propriedades atómicas devem ser definidas, basicamente, como quatro tipos atómicos.

Átomo hidrofóbico: Todos os carbonos em cadeias de hidrocarbonetos ou em grupos aromáticos.

Doador de H-bod: Átomos de oxigénio e de azoto ligados a um ou mais átomos de hidrogénio.

Aceitador de ligações H: Oxigénio e sp^2 ou átomos de azoto hibridizados sp com um par solitário de electrões.

Átomo polar: Átomos de oxigénio e azoto que são átomos de enxofre, fósforo, halogéneo, metal e carbono ligados a heteroátomo(s).

O espaço no interior da região de ligação do ligando seria estudado com átomos de sonda virtuais dos quatro tipos acima referidos, de modo a que o ambiente químico de todos os pontos na região de ligação do ligando possa ser conhecido. Por conseguinte, não tenho dúvidas quanto ao tipo de fragmentos químicos que podem ser colocados nos pontos correspondentes da região de ligação do ligando ao recetor.

4.3: Resultados e discussão:

Os estudos de acoplamento molecular foram realizados tendo como alvo a quinase 2 dependente da cilina (CDK2) e o recetor do fator de crescimento epidémico (EGFR). O EGFR é um recetor de superfície celular para membros da família de ligandos proteicos extracelulares do fator de crescimento epidémico [13]. A proteína desempenha um papel vital no desenvolvimento ductal das glândulas mamárias e, quando se encontra sobre-expressa, dá origem a uma série de cancros [14, 15]. Assim, esta proteína pode ser tomada como alvo na doença oncológica e nos inibidores específicos da tirosina quinase [16]. O EGFR foi descarregado em formato Pdb (Pdb id- 4HJO) do banco de dados de proteínas [17]. A quinase dependente de ciclina 2 é uma enzima e uma unidade solar do complexo quinase dependente de ciclina [18]. A CDK2 está ativa durante as fases G1 e S do ciclo celular, pelo que actua como ponto de controlo da fase G1-S. Assim, a CDK2 pode ser considerada como um possível alvo no desenvolvimento de novos candidatos a medicamentos contra o cancro [19].

O estudo de acoplamento dos derivados titulados 42a-42k (Capítulo 2) com a lipidocinase PI3K-a revelou os elevados resultados de acoplamento e afinidades de ligação, na gama de 111,171-123,274, em comparação com a doxorrubicina 125,50. Na bolsa do sítio ativo da lipidoquinase PI3K-a, os resíduos que interagem com a proteína-alvo são Glu849, Val851, Tyr836, Val850, Ile848, Met772, Ser854, Ile800, Asp810, Asp933 Gln859, Cys862, Met858 e Lys802. De entre todos, o composto 5e ajustou-se bem à bolsa do sítio ativo da quinase lipídica PI3K-a, apresentando a melhor pontuação de docagem (Lib Dock) de 123,274. Os detalhes da pontuação Lib Dock, os dados de interação ligante e a visualização da interação proteína-ligante dos compostos são apresentados na **Tabela 4.1.**

Composto	Lib Dock Pontuação	Eletrostática Energia	Átomos em interação	Distância H
42a	118.579	-44.601	A:TYR836:HH - 5a:O9 A:LYS8O2:HZ1 - 5a:Oll 5a:H37	2.407000 1.785000

			- A:ASP933:OD1 5a:H37 -	2.446000
			A:ASP933:OD2	1.981000
			A:GLN859:HN - 5a:O34	2.405000
			A:GLN859:HN- 5a:O35	1.812000
			A:MET858:HN1 - 5a:O35	1.313000
42b	119.425	-41.523	A:GLN859:HN - 5b:O34	1.756000
			A:GLN859:HN - 5b:O35	2.469000
			A:LYS8O2:HZ1 - 5b:Ol 1	1.512000
			A:TYR836:HH- 5b:O10 5b:H37 -	1.848000
			A:ASP810:OD1 5b:H37 -	2.026000
			A:ASP810:OD2	2.456000
			A:MET858:HN1 - 5b:O34	1.477000
42c	117.203	-55.506	A:LYS8O2:HZ1 - 5c:N6	1.466000
			A:LYS8O2:HZ1 - 5c:O10	2.121000
			A:LYS802:HZ3 - 5c:N6	2.277000
			A:VAL851:HN- 5c:N22 5c:H34 -	2.165000
			A:ASP933:OD1 5c:H34 -	2.381000
			A:ASP933:OD2	2.451000
42d	114.91	-53.473	5d:H34 - A:ASP810:OD1	2.431000
			5d:H34 - A:ASP810:OD2	2.494000
			A:LYS8O2:HZ1 - 5d:Oll	1.562000
			A:TYR836:HH- 5d:O10	2.455000
			A:GLN859:HN - 5d:Br32	2.390000
42e	123.274	-54.057	A:LYS802:HZ1 - 5e:O11	1.363000
			A:TYR836:HH - 5e:O10	1.620000
			A:GLN859:HN - 5e:O33	2.090000
			A:GLN859:HN - 5e:O34	2.298000
			A:ASP933:HN- 5e:O10	2.404000
			5e:H36 - A:ASP810:OD1	2.118000
			5e:H36 - A:ASP810:OD2	2.420000
			A:MET858:HN1 - 5e:O33	1.932000
42g	114.002	-53.28	A:LYS8O2:HZ1 - 5g:O11	1.544000
			A:TYR836:HH- 5g:O10 5g:H34 -	1.867000
			A:ASP810:OD1 5g:H34 -	1.975000
			A:ASP810:OD2	2.443000
42h	112.821	-50.387	A:VAL851:HN- 5h:N22	2.494000
			A:VAL851:HN- 5h:N23	2.117000
			5h:H34 - A:ASP810:OD1	2.092000
			A:TYR836:HH- 5h:011	1.911000
			A:TYR836:HH - 5h:N8	2.345000
			A:ASP933:HN- 5h:N8	2.477000
42i	111.171	-44.647	A:VAL851:HN- 5i:N22	2.494000
			A:VAL851:HN- 5i:N23	2.247000
			A:MET858:HN1 - 5i:011	1.854000
			A:GLN859:HN - 5i:N6	2.260000
			A:GLN859:HN- 5i:011 5i:H36 -	2.290000
			A:MET858:N	1.872000
42j	119.187	-49.887	A:VAL851:HN- 5j:N22	2.496000
			A:VAL851:HN- 5j:N23	2.250000

			A:MET858:HN1 - 5j:O11	1.858000
			A:GLN859:HN - 5j:N6	2.257000
			A:GLN859:HN - 5j:O11 5j:H35 -	2.281000
			A:MET858:N	1.877000
42k	119.112	-54.839	A:LYS802:HZ1 - 5k:O10	1.815000
			A:TYR836:HH - 5k:O11	1.639000
			A:ASP933:HN - 5k:N8	2.417000
			A:ASP933:HN - 5k:O11 5k:H35	2.297000
			- A:TYR836:OH	2.452000

Tabela 4.1: Parâmetros de interação de docagem molecular dos compostos **42a-42k (Capítulo 2)** com as cinas lipídicas PI3K-a.

4.4: Secção Experimental

A estrutura co-cristalizada da proteína alvo, o recetor do fator de crescimento epidémico (PDB: 4HJO), deve ser obtida a partir do Protein Data Bank (RCSB) (http://www.rcsb.org/pdb) e o ligando associado à proteína que não contém água. Para realizar estudos in silico, as estruturas 2D dos ligandos preparados foram desenhadas no Chem Bio Office 2010 e alteradas para estruturas 3D minimizadas em energia no formato de ficheiro PDB utilizando o Marvin Sketch (Chem Axon). Após a remoção da molécula de água estrutural, o ficheiro da proteína alvo foi preparado e os heteroátomos e co-factores foram deixados apenas nos resíduos associados à proteína, utilizando o Discovery Studio 4.0 Visualizer (DSV).

A ferramenta AutoDock4.2 (MGL tols-1.5.6) foi utilizada para preparar o ficheiro da proteína selecionada, o que envolve a atribuição de átomos do tipo AD4, o cálculo das cargas de Gasteiger para cada átomo da macromolécula, a adição de hidrogénios polares à macromolécula, passo importante para corrigir o cálculo da carga parcial. A identificação do sítio de ligação da proteína foi efectuada utilizando o Cast P (serversts-fw.bioengr.uic.edu /cast p /calculation. php). As simulações de docking para os compostos foram realizadas contra o sítio ativo da proteína.

Em seguida, foram identificados os resultados finais da ligação utilizando o tutorial 1.8 dos elementos Mstro. Todos os inibidores foram comparados a partir de 10 execuções de acoplamento. Os estudos de acoplamento mostram que todas as moléculas preparadas apresentaram excelentes energias de ligação à bolsa ativa do recetor e os resultados estão consolidados na Tabela. Entre elas, a conformação com as energias de ligação mais baixas e os ligandos que apresentam ligações H bem estabelecidas com a gama mais próxima de 1,2-4,0 A com um ou mais aminoácidos na bolsa ativa do recetor foram escolhidos como as melhores orientações de ligandos acoplados (melhor pontuação).

4.5: Conclusão

O estudo de acoplamento dos derivados intitulados **42a-42k** (Capítulo 2) com as quinas lipídicas PI3K-a revelou os elevados resultados de acoplamento e afinidades de ligação, na gama de 111,171-123,274, em comparação com a Doxorrubicina 125,50.

Referências

1. Brawn, Ryan A.; Welzel, Morgan; Lowe, Jason T.; Panek, James S. (2010). Regioselectiva Intramolecular Dipolar Cycloaddition of Azides and Unsymmetrical Alkynes. *Organic Letters*, Vol. 12, No. 2, 33^339.

2. Genin, Michael J.; Allwine, Debra A.; Anderson, David J.; Barbachyn, Michael R.; Emmert, D. Edward; Garmon, Stuart A.; Graber, David R.; Grega, Kevin C.; Hester, Jackson B.; Hutchinson, Douglas K.; Morris, Joel; Reischer, Robert J.; Ford, Charles W.; Zurenko, Gary E.; Hamel, Judith C.; Schaadt, Ronda D.; Stapert, Douglas; Yagi, Betty H. (2000). Substituent Effects on the Antibacterial Activity of Nitrogen-Carbon-Linked (Azolylphenyl)oxazolidinones with Expanded Activity Against the Fastidious Gram-Negative Organisms Haemophilus influenzae and Moraxella catarrhalis. *Journal of Medicinal Chemistry*, Vol. 43, No. 5, 953-970.

3. Jie Yang; Dirk Hoffmeister; Lesley Liu; Xun Fu; Jon S. Thorson (2004). Natural product glycorandomization, *Bioorganic & Medicinal Chemistry*, Vol. 12, No. 7, 1577-1584.

4. Yoshio Saito; Vanessa Escuret; David Durantel; Fabien Zoulim; Raymond F. Schinazi; Luigi A. Agrofoglio (2003). Síntese de análogos 1,2,3-triazolo-carbanucleosídeos da ribavirina visando um HCV em réplica, *Bioorganic & Medicinal Chemistry*, Vol.11, No. 17, 3633-3639.

5. Wan, Q., Chen, J., Chen, G., & Danishefsky, S. J. (2006). Um avanço potencialmente valioso na síntese de vacinas anticancerígenas à base de hidratos de carbono através da química de cicloadição alargada. *The Journal of organic chemistry*, Vol. 71, No. 21, 8244-8249.

6. Reck, F., Zhou, F., Girardot, M., Kern, G., Eyermann, C. J., Hales, N. J., ... & Gravestock, M. B. (2005). Identificação de 1, 2, 3-triazóis 4-substituídos como novos agentes antibacterianos de oxazolidinona com atividade reduzida contra a monoamina oxidase A, *Journal of medicinal chemistry*, Vol. 48, No. 2, 499506.

7. Puig-Basagoiti, F., Qing, M., Dong, H., Zhang, B., Zou, G., Yuan, Z., & Shi, P. Y. (2009). Identificação e caraterização de inibidores do vírus do Nilo Ocidental, *Antiviral research*, Vol. 83, No. 1, 71-79.

8. Maurya, S. K., Gollapalli, D. R., Kirubakaran, S., Zhang, M., Johnson, C. R., Benjamin, N. N. & Cuny, G. D. (2009). Inibidores de triazol da inosina 5'-monofosfato desidrogenase de Cryptosporidium parvum. *Jornal de química medicinal*, Vol. 52, No. 15, 4623-4630.

9. Tatsuta, K., Ikeda, Y., & Miura, S. (1996). Síntese e actividades inibidoras da glicosidase de análogos de triazóis de nagstatina. *The Journal of antibiotics*, Vol. 49, No. 8, 836-838.

10. Hsieh, H. Y., Lee, W. C., Senadi, G. C., Hu, W. P., Liang, J. J., Tsai, T. R., ... & Wang, J. J. (2013). Descoberta, metodologia sintética e avaliação biológica para atividade antifotoenvelhecimento de [1, 2, 3] triazóis bicíclicos: estudos in vitro e in vivo. *Jornal de química medicinal*, Vol. 56, No. 13, 54225435.

11. Snyder, P. J., Werth, J., Giordani, B., Caveney, A. F., Feltner, D., & Maruff, P. (2005). Um método para determinar a magnitude da mudança em diferentes funções cognitivas em ensaios clínicos: os efeitos da administração aguda de duas doses diferentes de alprazolam. *Human Psychopharmacology: Clinical and Experimental*, Vol. 20, No. 4, 263-273.

12. Piotrowska, D. G., Balzarini, J., & Glowacka, I. E. (2012). Projeto, síntese, avaliação antiviral e citostática de novos análogos de nucleotídeos de isoxazolidina com um ligante 1, 2, 3-triazol, *jornal europeu de química medicinal*, Vol. 47, No. 501-509.

13. Haider, S., Alam, M. S., Hamid, H., Shafi, S., Nargotra, A., Mahajan, P., & Panda, A. K. (2013). Síntese de novas benzoxazolinonas à base de 1, 2, 3-triazol: sua ancoragem molecular baseada em TNF-a com atividades antiinflamatórias, antinociceptivas in vivo e avaliação de risco ulcerogênico, *revista europeia de química medicinal*, Vol. 70, No. 579-588.

14. Chinthala, Y., Domatti, A. K., Sarfaraz, A., Singh, S. P., Arigari, N. K., Gupta, N., ... & Paramjit, G. (2013). Síntese, avaliação biológica e estudos de modelagem molecular de algumas novas tiazolidinedionas com anel triazol, *Revista Europeia de Química Medicinal*, Vol. 70, No. 308-314.

15. Shafi, S., Alam, M. M., Mulakayala, N., Mulakayala, C., Vanaja, G., Kalle, A. M., ... & Alam, M. S. (2012). Síntese de novos bis-heterociclos baseados em 2-mercapto benzotiazol e 1, 2, 3-triazol: suas atividades antiinflamatórias e anti-nociceptivas, *revista europeia de química medicinal*, Vol. 49, No. 324-333.

16. Petrova, K. T., Potewar, T. M., Correia-da-Silva, P., Barros, M. T., Calhelha, R. C., Ciric, A.,& Ferreira, I. C. (2015). Actividades antimicrobiana e citotóxica de derivados de 1, 2, 3-triazol-sacarose. *Carbohydrate research*, Vol. 417, No. 66-71.

17. He, Y. W., Dong, C. Z., Zhao, J. Y., Ma, L. L., Li, Y. H., & Aisa, H. A. (2014). 1, 2, 3-Triazole-contendo derivados de ácido rupestônico: síntese clickchemical e atividades antivirais contra vírus da gripe, *revista europeia de química medicinal*, Vol. 76, No. 245-255.

18. Assis, S. P., Araujo, T. G., Sena, V. L., Catanho, M. T. J., Ramos, M. N., Srivastava, R. M., & Lima, V. L. (2014). Síntese, atividades hipolipidêmica e antiinflamatória de arilftalimidas. *Pesquisa em Química Medicinal*, Vol. 23, No. 2, 708-716.

19. Eccles, S. A.; Massey, A.; Raynaud, F. I.; Sharp, S. Y.; Box, G.; Valenti, M.; Patterson, L.; de Haven Brandon, A.; Gowan, S.; Boxall, F.; Aherne, W.; Rowlands, M.; Hayes, A.; Martins, V.; Urban, F.; Boxall, K.; Prodromou, C.; Pearl, L.; James, K.; Matthews, T. P.; Cheung, K.-M.; Kalusa, A.; Jones, K.; McDonald, E.; Barril, X.; Brough, P. A.; Cansfield, J. E.; Dymock, B.; Drysdale, M. J.; Finch, H.; Howes, R.; Hubbard, R. E.; Surgenor, A.; Webb, P.; Wood, M.; Wright, L.; Workman, P. (2008). NVP-AUY922: A Novel Heat Shock Protein 90 Inhibitor Active against Xenograft Tumor Growth, Angiogenesis, and Metastasis. *Cancer Research*, Vol. 68, No. 8, 2850-2860.

20. Michael Rugaard Jensen, Joseph Schoepfer, Thomas Radimersk (2008). NVP-AUY922: uma pequena molécula inibidora de HSP90 com uma potente atividade antitumoral em modelos pré-clínicos de cancro da mama. *Investigação do Cancro da Mama*, Vol. 10, No. R33

21. Sharp, S. Y.; Prodromou, C.; Boxall, K.; Powers, M. V.; Holmes, J. L.; Box, G.; Matthews, T. P.; Cheung, K.-M. J.; Kalusa, A.; James, K.; Hayes, A.; Hardcastle, A.; Dymock, B.; Brough, P. A.; Barril, X.; Cansfield, J. E.; Wright, L.; Surgenor, A.; Foloppe, N.; Hubbard, R. E.; Aherne, W.; Pearl, L.; Jones, K.; McDonald, E.; Raynaud, F.; Eccles, S.; Drysdale, M.; Workman, P. (2007). Inibição da chaperona molecular da proteína de choque térmico 90 in vitro e in vivo por novos, sintéticos e potentes análogos de pirazol/isoxazol amida resorcinílicos. *Molecular Cancer Therapeutics*, Vol. 6, No. 4, 119^-1211.

22. Alberto Bargiotti; Loana Musso; Sabrina Dallavalle; Lucio Merlini; Grazia Gallo; Andrea Ciacci; Giuseppe Giannini; Walter Cabri; Sergio Penco; Loredana Vesci; Massimo Castorina; Ferdinando Maria Milazzo; Maria Luisa Cervoni; Marcella Barbarino; Claudio Pisano; Chiara Giommarelli; Valentina Zuco; Michelandrea De Cesare; Franco Zunino (2012). Isoxazolo(aza)naftoquinonas: A new class of cytotoxic Hsp90 inhibitors, *European Journal of Medicinal Chemistry*, Jul; Vol. 53, No. 64-75.

23. Shin, K. D.; Lee, M.-Y.; Shin, D.-S.; Lee, S.; Son, K.-H.; Koh, S.; Paik, Y.-K.; Kwon, B.-M.; Han, D. C. (2005). Bloqueio da Migração e Invasão de Células Tumorais com o Derivado de Bifenil Isoxazol KRIBB3, uma Molécula Sintética que Inibe a Fosforilação de Hsp27. *Journal of Biological Chemistry*, Vol. 280, No. 50, 41439^1448.

24. Julia Kaffy; Renee Pontikis; Daniele Carrez; Alain Croisy; Claude Monneret; Jean-Claude Florent (2006). Derivados do tipo isoxazol relacionados com a combretastatina A-4, síntese e avaliação biológica, *Bioorganic & Medicinal Chemistry*, Vol. 14, No. 12, 4067-4077.

25. Ahmed Kamal; E. Vijaya Bharathi; J. Surendranadha Reddy; M. Janaki Ramaiah; D. Dastagiri; M. Kashi Reddy; A. Viswanath; T. Lakshminarayan Reddy; T. Basha Shaik; S.N.C.V.L. Pushpavalli; Manika Pal Bhadra (2011). Síntese e avaliação biológica de híbridos de 3,5-diaril isoxazolina / isoxazol ligados a 2,3-dihidroquinazolinona como agentes anticancerígenos, *European Journal of Medicinal Chemistry*, Vol. 46, No. 2, 691-703.

26. E. Rajanarendar; S. Raju; M. Nagi Reddy; S. Rama Krishna; L. Hari Kiran; A. Ram Narasimha Reddy; Y. Narasimha Reddy (2012). Síntese multicomponente e atividade anticâncer in vitro e in vivo

de novos bis-isoxazolo [4,5-b] piridina-N-óxidos de arilmetileno, *European Journal of Medicinal Chemistry,* Vol. 50, No. 274-279.

27. Poma, Paola; Notarbartolo, Monica; Labbozzetta, Manuela; Maurici, Annamaria; Carina, Valeria; Alaimo, Alessandra; Rizzi, Michele; Simoni,
Daniele; D'Alessandro, Natale (2007). As actividades antitumorais da curcumina e do seu análogo isoxazol não são afectadas por alterações múltiplas da expressão genética num modelo MDR da linha celular de cancro da mama MCF-7: Análise da possível base molecular. *Revista Internacional de Medicina Molecular*, Vol. 20, No. 329-335.

28. Ahmed Kamal; J. Surendranadha Reddy; M. Janaki Ramaiah; D. Dastagiri;
E. Vijaya Bharathi; M. Ameruddin Azhar; Farheen Sultana; S.N.C.V.L. Pushpavalli; Manika Pal-Bhadra; Aarti Juvekar; Subrata Sen; Surekha Zingde (2010). Conceção, síntese e avaliação biológica de conjugados de 3,5-diaril-isoxazolina/isoxazol-pirrolobenzodiazepina como potenciais agentes anticancerígenos, *European Journal of Medicinal Chemistry,* Vol. 45, No. 9, 3924-3937.

29. E. Rajanarendar; M. Nagi Reddy; S. Rama Krishna; K. Govardhan Reddy; Y.N. Reddy; M.V. Rajam (2012). Projeto, síntese, atividade antimicrobiana e anticâncer in vitro de novos derivados de metilenobis-isoxazolo [4,5-b] azepinas, *Jornal Europeu de Química Medicinal,* Vol. 50, No. 344349.

30. Md Tohid, Siti Farah; Ziedan, Noha I.; Stefanelli, Fabio; Fogli, Stefano; Westwell, Andrew D. (2012). Síntese e avaliação de 3,5-diarisoxazoles contendo indol como potenciais agentes antitumorais pró-apoptóticos, *European Journal of Medicinal Chemistry*, Vol. 56, No. 263-270.

Buy your books fast and straightforward online - at one of world's fastest growing online book stores! Environmentally sound due to Print-on-Demand technologies.

Buy your books online at
www.morebooks.shop

Compre os seus livros mais rápido e diretamente na internet, em uma das livrarias on-line com o maior crescimento no mundo! Produção que protege o meio ambiente através das tecnologias de impressão sob demanda.

Compre os seus livros on-line em
www.morebooks.shop

Printed by Books on Demand GmbH, Norderstedt / Germany